AutoCAD
项目教学实用教程

》主 编 张 园 蒋小辉
》副主编 胡 谧 段双双 张 瑞

U0279345

华中科技大学出版社
http://press.hust.edu.cn
中国·武汉

图书在版编目（CIP）数据

AutoCAD 项目教学实用教程 / 张园，蒋小辉主编. -- 武汉 ：华中科技大学出版社，2024.8. -- ISBN 978
-7-5772-1183-1

Ⅰ. TP391.72

中国国家版本馆 CIP 数据核字第 2024SZ4443 号

AutoCAD 项目教学实用教程
AutoCAD Xiangmu Jiaoxue Shiyong Jiaocheng

张　园　蒋小辉　主编

策划编辑：袁　冲

责任编辑：周江吟

封面设计：王　琛

责任监印：朱　玢

责任校对：李　弋

出版发行：华中科技大学出版社（中国·武汉）　　电话：(027)81321913

　　　　　武汉市东湖新技术开发区华工科技园　　邮编：430223

录　　排：武汉正风天下文化发展有限公司

印　　刷：武汉科源印刷设计有限公司

开　　本：787 mm×1092 mm　1/16

印　　张：17

字　　数：457 千字

版　　次：2024 年 8 月第 1 版第 1 次印刷

定　　价：58.00 元

AutoCAD 是美国 Autodesk 公司开发的计算机绘图软件,自 1982 年发布以来,版本不断升级,功能逐步增强,使得绘图更方便、准确、高效,已在机械、电子、建筑等各领域得到广泛应用。

本书以 AutoCAD 2016 为基础,参考最新发布的 CAD 绘图标准及同类教材,结合多年教学改革的实践经验和相关院校反馈,同时兼顾教学团队的客观需求,在《AutoCAD 2010 项目教学实用教程》的基础上修订而成。

本书介绍了 AutoCAD 2016 的绘图方法,主要内容包括 AutoCAD 2016 基础知识、精确及快速绘图、基本绘图操作、基本编辑命令、尺寸标注、机电绘图基础,适合机械、电气类专业及近机电类专业学生学习和参考。本书在《AutoCAD 2010 项目教学实用教程》的基础上进行了 AutoCAD 版本更新,并扩充了专业图样的绘图知识,便于看图、读图及绘图。

本书的操作步骤详尽,采用项目案例教学,使用典型例题和练习,适合初学者学习,也可供广大工程技术人员参考 。

本书由三峡大学科技学院张园、蒋小辉、胡谧、段双双、张瑞等老师编写。限于编者水平,书中难免有不当之处,敬请广大读者批评指正。

编 者

2024 年 5 月

第 1 章

AutoCAD 2016 基础知识

【章节提要】

图形是表达思想和交流技术的载体。随着计算机辅助设计(computer aided design,CAD)技术的飞速发展和普及,越来越多的工程设计人员开始使用计算机绘制各种图形,从而克服了传统手工绘图存在的效率低、绘图准确度差及劳动强度大等缺点。

本章介绍了AutoCAD 2016 的入门知识和工程绘图环境的基本设置。学习本章,首先应了解AutoCAD 2016 的用户界面,掌握AutoCAD 2016 的命令输入及终止方式,新建、存储、打开图形文档等入门知识和绘图环境的设置。

【学习目标】

- 熟悉用户界面、文件管理;
- 掌握AutoCAD 2016 的坐标系及输入方式;
- 掌握图层创建方法;
- 正确设置绘图环境。

◀ 1.1 AutoCAD的启动、退出与用户界面 ▶

AutoCAD是美国 Autodesk 公司于 20 世纪 80 年代开发的绘图程序软件包,经历了多个版本的更迭。AutoCAD 2016 提供了【二维草图与注释】、【三维建模】、【AutoCAD经典】等几种工作空间模式,可以根据自身需要进行选择,便于绘制平面和空间图样。下面介绍软件的基础知识。

1.1.1 启动与退出

1.启动

可以通过下列方式启动AutoCAD 2016。

1) 桌面快捷方式启动

安装AutoCAD 2016 时,将在桌面上生成一个AutoCAD 2016 快捷方式图标,如图 1-1 所示,双击AutoCAD 2016 图标可启动该程序。

2)【开始】菜单方式启动

单击【开始】→【程序】→【Autodesk】→【AutoCAD 2016】,如图 1-2 所示。

2. 退出

通过下列方式关闭AutoCAD 2016。

- 标题栏:单击窗口右上角标题栏的【关闭】按钮。

图 1-1　桌面快捷方式启动

- 菜单：应用程序菜单→【退出 AutoCAD】，如图 1-3 所示。

图 1-2　【开始】菜单方式启动

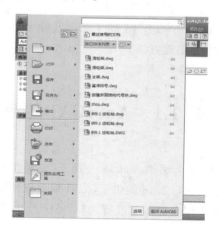

图 1-3　通过应用程序菜单退出

- 命令行：输入 quit 或 exit，按回车键。
- 快捷键：按 Ctrl＋Q 或 Alt＋F4 组合键。
- 快捷菜单：单击任务栏上的AutoCAD窗口按钮，或在标题栏上右击，在弹出的快捷菜单中选择"关闭"按钮。

1.1.2　用户界面

AutoCAD 2016 用户界面的具体构成和布局随计算机硬件配置、操作系统及不同用户的喜好会发生变化。AutoCAD 2016 提供了四种工作空间显示模式，包括【初始设置工作空间】、【二维草图与注释】工作空间、【AutoCAD经典】工作空间和【三维建模】工作空间。其中，AutoCAD 2016 默认情况下的工作空间显示模式为【初始设置工作空间】。上述四种工作空间之间是可以进行切换的。以从默认显示的【初始设置工作空间】切换到【二维草图与注释】工作空间为例：在状态栏右侧，在弹出的快捷菜单中单击选择【二维草图与注释】，则显示界面切换到【二维草图与注释】工作空间。用户绘制二维图形一般在【二维草图与注释】工作空间中进行，而创建三维模型一般要在【三维建模】工作空间中操作。

1. 应用程序菜单

单击【应用程序菜单】按钮，如图 1-4 所示，可显示【新建】、【打开】、【保存】、【另存为】、【输出】、【打印】、【发布】、【发送】、【图形实用工具】、【关闭】、【选项】、【退出 AutoCAD】等常用的命令或命令组。

2. 快速访问工具栏

快速访问工具栏上有【新建】、【打开】、【保存】、【放弃】、【重做】、【打印】6 个常用的命令，单击其图标按钮可方便地进行命令操作。

AutoCAD 2016 还允许在快速访问工具栏上自行存储常用的命令。存储常用命令的操作方法如下：在快速访问工具栏下拉菜单中选择【自定义快速访问工具栏】选项，打开【自定义用户界面】对话框，在其中选择可用命令。已经勾选的常用的命令如【新建】、【打开】等，可以在快速访问工具栏中找到其图标；如需添加未勾选的命令，鼠标左键单击该选项即可添加。如图 1-5 所示。

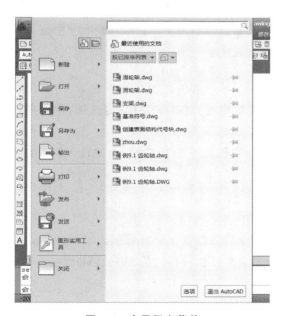

图 1-4　应用程序菜单

图 1-5　快速访问工具栏

需要说明的是，在使用 AutoCAD 2016 时，经常会出现找不到菜单栏的情况，原因可能是前面操作中单击了【隐藏菜单栏】这个选项。

3. 标题栏和菜单栏

标题栏位于工作界面最上面，用于显示 AutoCAD 2016 的程序名称及当前所操作图形文件的名称等信息。如果是 AutoCAD 默认的图形文件，其名称为 DrawingN.dwg（N 是数值）。单击标题栏右端的各个窗口管理按钮，可以最小化、最大化（或还原）及关闭 AutoCAD 应用程序窗口。标题栏最左边是应用程序菜单的小图标，单击它会弹出下拉菜单。如图 1-6 所示。

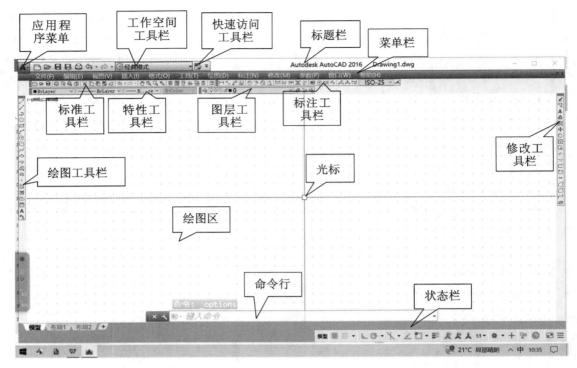

图 1-6　AutoCAD 2016 工作界面

在默认状态下，AutoCAD 2016 的菜单栏没有显示。显示菜单栏的操作方法如下：单击快速访问工具栏右侧的小三角形图标，在打开的自定义菜单中选择【显示菜单栏】选项，即可在标题栏下方显示菜单栏。

菜单栏主要由【文件】、【编辑】、【视图】等菜单组成，它们几乎包括了AutoCAD中全部的功能和命令。

AutoCAD 2016 的下拉菜单具有以下特点。

（1）右侧有小三角形的菜单命令，表示它还有子菜单。

（2）右侧有省略号的菜单命令，表示单击该菜单命令后会打开一个对话框。

（3）右侧没有内容的菜单命令，单击该菜单命令时会直接执行相应的AutoCAD命令。

4.功能区

功能区是显示基于任务的命令和控件的选项板。在创建或打开文件时，会自动显示功能区，它会提供一个包括创建文件所需的所有工具的小型选项板。例如，DIMLINEAR 命令在功能区上位于【注释】选项卡的【标注】面板中。功能区可水平显示，也可垂直显示。水平功能区在文件窗口的顶部显示。垂直功能区可以固定在应用程序窗口的左侧或右侧，也可以在文件窗口或另一个监控器中浮动。功能区由许多面板组成，这些面板被组织到依任务进行标记的选项卡中。

功能区面板包含很多工具和控件，有些功能区面板会显示与该面板相关的对话框。若要指定显示功能区选项卡或面板，可在功能区上单击鼠标右键，在弹出的快捷菜单中勾选或取消勾选相应选项卡或面板。

◄ 1.2 常用操作命令 ►

AutoCAD命令的调用主要采用鼠标点击和键盘输入两种方式。下面分别进行介绍。

1.2.1 命令的调用方式

1. 鼠标的使用

鼠标是用户与计算机进行信息交流的重要工具,熟练使用鼠标可以减少键盘输入的工作量,提高绘图速度。鼠标的基本操作方法如下。

- 左键:单击鼠标左键在AutoCAD绘图中的作用通常是选择。比如,正常绘图状态下,在屏幕中单击鼠标左键,确定光标的具体位置;单击工具栏中某项编辑或绘图命令,可以执行该项命令。同时,鼠标左键还可以起到一定的辅助绘图作用。比如,在屏幕的边框处,按住鼠标左键拖动,可以实现滚屏。此外,双击文件名可直接打开文件。
- 右键:单击鼠标右键在绘图中的作用通常是确定,相当于回车键;在命令执行结束前,单击鼠标右键,会弹出快捷菜单提示;另外,通过【选项】设置,单击鼠标右键可以重复上次操作。
- 滚轮:滚轮向上滚动可以放大视图,向下滚动可以缩小视图(只是改变显示效果,图形实际尺寸不改变);按住滚轮移动视图,双击滚轮显示全部。

在绘图窗口,光标通常显示为"十"字线。当光标移至菜单选项、工具或对话框内时,它会变成一个箭头。无论光标是"十"字线还是箭头,当单击或者按住鼠标左键时,都会执行相应的命令或动作。

在AutoCAD 2016 中,把光标移动到任意图标上,会显示提示信息,这些提示信息包含对命令或控制的概括说明、命令名、快捷键、命令标记以及补充工具提示,对新用户学习有很大的帮助。

2. 常用键操作

常用功能键如下。

- 空格键:重复执行上一次命令,在输入文字时不同于回车键。
- 回车键:重复执行上一次命令,相当于鼠标右键。
- Esc 键:中断命令执行。
- F1 键:调用AutoCAD帮助对话框。
- F2 键:图形窗口与文本窗口相互切换。
- F3 键:对象捕捉开关。
- F4 键:校准数字化仪开关。
- F5 键:不同方向正等轴测图作图平面间的转换开关。
- F6 键:坐标显示模式开关。
- F7 键:栅格模式开关。
- F8 键:正交模式开关。
- F9 键:间隔捕捉模式开关。
- F10 键:极轴追踪开关。

- F11 键：对象追踪开关。
- F12 键：动态输入开关。

3. 使用命令行

用键盘输入命令：在命令行中输入完整的命令名，然后按回车键或空格键。如输入 line，执行画直线命令。命令名字母不分大小写。某些命令还有缩写名称。例如，除了通过输入 line 来启动直线命令，还可以输入 l。如果启用了动态输入并设置为显示动态提示，用户则可以在光标附近的工具栏提示中输入多个命令。

在命令行中，还可以使用 Backspace 或 Delete 键删除命令行中的文字；也可以选中命令历史，并执行【粘贴到命令行】命令，将其粘贴到命令行中。

4. 使用透明命令

所谓透明命令就是在执行某一命令时，该命令不终止又去执行另一命令，当另一命令执行完后又回到原命令状态，能继续执行原命令。

不是所有命令都可以透明执行，只有那些不选择对象、不创造新对象、不导致重生成以及结束绘图任务的命令才可以透明执行。

常使用的透明命令多为修改图形设置的命令、绘图辅助工具命令，例如 SNAP、GRID、ZOOM 等。要以透明方式执行命令，应在输入命令之前输入单引号（'）。命令执行中，透明命令的提示前有一个双折号（>>）。完成透明命令后，将继续执行原命令。

1.2.2　命令的调用和终止

1. 命令的调用

- 菜单：单击菜单栏中相应选项即可。
- 工具栏：单击工具栏中相应命令的按钮。
- 命令行：使用键盘输入 AutoCAD 命令；需要在英文输入状态下输入英文命令或其简写，如直线命令，输入 line 或 l（注意：输入 AutoCAD 命令时，字母大小写均可），并按回车键。

```
命令:l                                                    //输入命令 l
LINE 指定第一点：                                          //左键单击
指定下一点或［放弃(U)］：               //移动鼠标后单击左键，回车完成直线绘制
指定下一点或［放弃(U)］：                       //u(输入 u 后按回车键)
已经放弃所有线段。
指定第一点：                                              //重新指定第一点
```

- 快捷菜单：单击鼠标右键，在弹出的快捷菜单中单击相应命令，如图 1-7 所示。快捷菜单一般包含常用的编辑命令，例如剪切、复制、平移、缩放等。其中【最近的输入】表示最近输入的命令，鼠标移动到相应命令，单击鼠标左键即可启动该命令。

2. 命令的终止

- 命令输入完成，通常按键盘上的回车键或空格键表示确认。
- 在命令完成前按 Esc 键表示终止执行。
- 在当前命令还未完成时，直接在菜单栏或者工具栏中调用别的命令，将自动结束当前命令。
- 在命令执行过程中，单击鼠标右键，显示快捷菜单，选择【取消】，如图 1-8 所示，即可终止命令。

图 1-7　快捷菜单——命令的调用

图 1-8　快捷菜单——命令的终止

1.2.3　命令的重复、放弃和重做

1. 重复命令

● 重复刚使用的命令,在上一命令结束后直接按回车键或空格键。

● 在绘图区单击鼠标右键,如图 1-9 所示,在快捷菜单中选择【重复 LINE】或在【最近的输入】中选择【LINE】。

图 1-9　快捷菜单——重复命令

● 在命令行中单击右键,在弹出的快捷菜单中选择【近期使用的命令】中的相应命令,如图 1-10 所示。

图 1-10 命令行快捷菜单——重复命令

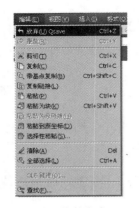

图 1-11 菜单命令——
放弃和重做

2. 放弃和重做命令

● 放弃:如果绘图中出现错误,需要放弃操作,在命令行中输入 undo 命令;或者在【编辑】菜单下单击【放弃】命令,如图 1-11 所示;或者单击标准工具栏中的 ↶ 放弃按钮。如果需要放弃多次操作,连续单击该按钮。

● 重做:如果想恢复操作,可以在命令行中输入 redo 命令;或者在【编辑】菜单下选择【重做】命令;或者单击标准工具栏中的 ↷ 重做按钮。

1.2.4 图形选取

执行编辑命令时,通常命令行提示:选择对象。

例如执行删除命令时,命令行提示如下。

命令:_erase
选择对象:

此时十字光标变为拾取框,移动拾取框到合适位置,鼠标左键单击对象,可以选择一个或多个对象。

选择方式也有多种,下面介绍鼠标左键单击和套索选择两种方式。

1. 鼠标左键单击

这种方式为默认方式,光标变为拾取框后,将鼠标移动到合适位置后单击左键,被选择对象变为虚线,表示被选中,如图 1-12 所示。

图 1-12 选择对象

2. 套索选择

套索选择工具允许用户通过手动绘制一个自由形状的选择区域来选择对象。用户可以随意拖动鼠标,根据需要调整选择区域的形状和大小。CAD 的套索选择工具模式有三种,分别是"窗口""窗交""栏选",在拖动鼠标过程中按"空格"键可以循环切换这三种模式。

- 窗口:完全处于选择区域内的对象会被选中。
- 窗交:部分或完全处于选择区域内的对象会被选中。
- 栏选:与鼠标拖动轨迹相交的对象会被选中。

图 1-13 是窗交方式和栏选方式的对比;图 1-14 是窗口方式和窗交方式的对比。

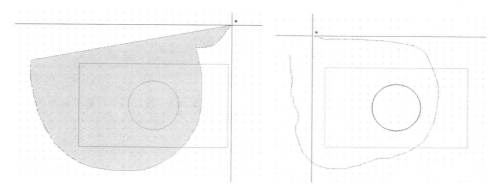

图 1-13　窗交方式和栏选方式的对比

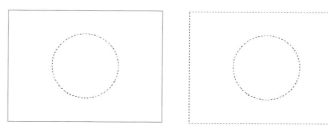

图 1-14　窗口方式和窗交方式的对比

◀ 1.3 图形文件管理 ▶

AutoCAD 图形文件管理包括文件的新建、打开、保存、关闭等操作。

1.3.1 新建图形文件

启动 AutoCAD 后,自动新建一个名为 Drawing1.dwg 的空白文件。另外,新建图形文件的方法还有以下几种。

- 菜单:【文件】→【新建】。
- 工具栏:标准工具栏→单击【新建】按钮。
- 命令行:输入 new 并按回车键。

● 单击快速访问工具栏中的【新建】按钮。

通过【选择样板】对话框选择对应的样板文件,默认选择样板文件 acadiso.dwt,如图 1-15 所示。

在打开文件时,还可以选择不同的计量标准,单击【打开】按钮右侧的下拉按钮,有【无样板打开-英制】和【无样板打开-公制】选项,如图 1-16 所示。

图 1-15 【选择样板】对话框

图 1-16 【打开】下拉菜单选择计量标准

1.3.2 打开文件

打开文件的方法有以下几种。

● 单击快速访问工具栏中的 按钮。

● 菜单:【文件】→【打开】。

● 命令行:输入 open 并按回车键。

AutoCAD可以同时打开多个图形文件,同时提供多个绘图环境,并可以在不同文件之间切换,进行图形间的复制、粘贴。

执行【打开】命令后,会弹出【选择文件】对话框,如图 1-17 所示,通过这个对话框选择要打开的文件,在右侧的【预览】框中可以显示该图形的预览图形,单击 打开(O) 就可以打开该文件。

图 1-17 【选择文件】对话框

1.3.3 保存文件

绘制完图形后,可以对图形进行保存,也可以另存为其他名称。

1. 快速保存

快速保存就是保存当前文件,不改变当前文件的名称和文件类型。具体方法如下。

- 快速访问工具栏:单击【保存】按钮。
- 菜单:【文件】→【保存】。
- 工具栏:单击标准工具栏中的 🖫 按钮。
- 命令行:输入 qsave 并按回车键。
- 快捷键:Ctrl+S。

注意:新建文件保存后,可以执行上述保存命令,系统将不再打开【图形另存为】对话框,以现有的文件名称和类型保存。

2. 另存为

另存为是将文件保存为另一个文件名或者另一种文件类型。具体方法如下。

- 快速访问工具栏:单击【另存为】按钮。
- 菜单:【文件】→【另存为】。
- 命令行:输入 save 并按回车键。

执行上述命令后,系统将打开【图形另存为】对话框,如图 1-18 所示。

注意:AutoCAD是向下兼容的,高版本的可以打开低版本的文件,反之则不行,所以在选择保存文件类型时应尽可能保存为低版本的文件,如图 1-19 所示。

图 1-18 【图形另存为】对话框

图 1-19 文件类型选择

1.3.4 关闭文件

实现关闭文件的方法如下。

- 标题栏:单击关闭 ✕ 按钮。
- 菜单:【文件】→【关闭】。注意:【退出】命令是退出AutoCAD程序。
- 命令行:输入 close 并按回车键。

如当前文件没有保存,系统将弹出图 1-20 所示的提示对话框,提示是否保存。

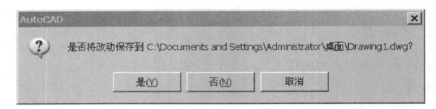

图 1-20　关闭文件时提示对话框

如果单击【是】按钮或直接按回车键,将保存当前文件并关闭;如果单击【否】按钮,将关闭当前文件但不保存;如果单击【取消】按钮,则既不保存也不关闭。

◀ 1.4　绘图环境设置 ▶

1.4.1　绘图环境基本设置

1. 设置图形单位

用户可以使用各种标准单位进行绘图,但我国用户通常使用毫米、厘米、米等单位,毫米是最常用的一种绘图单位。图形单位是设计中采用的单位。在 AutoCAD 中,选择【格式】→【单位】,打开【图形单位】对话框(见图 1-21),可以设置绘图时使用的长度单位、角度单位及方向等。

【长度】:AutoCAD 长度单位类型有分数、工程、建筑、科学、小数。小数是常用的十进制计数方式,也符合国家标准的长度单位类型。精度选项可以根据需要选择,机械设计通常选择 0.00;工程类一般选择 0,精确到整数位。

【角度】:角度单位类型有 5 种,分别是十进制度数、百分度、度/分/秒、弧度、勘测单位。通常选择十进制度数表示角度值。

【顺时针】:默认为非勾选,即逆时针。

【方向】:在对话框底部,单击【方向】按钮,弹出【方向控制】对话框,如图 1-22 所示,在该对话框中可以设定起始角的位置,通常选择"东"(水平向右)为 0 的方向。

图 1-21　【图形单位】对话框

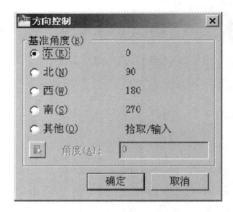

图 1-22　【方向控制】对话框

2. 图形界限

所用的绘图区域就是图形界限,也是 AutoCAD 在设计中所用的绘图窗口。

- 菜单:【格式】→【图形界限】。
- 命令行:输入 limits 并按回车键。

指定左下角点或 [开(ON)/关(OFF)] <0.0000,0.0000>:

//系统默认坐标原点为左下角点,如改变可输入新坐标

指定右上角点 <420.0000,297.0000>:

//默认界限为 A3 图幅,如不改变可按回车键;若设置成其他尺寸,可输入新坐标

注意:

(1) 命令提示指定左下角点或 [开(ON)/关(OFF)] 中,开(ON) 是打开图形界限功能,此时只能在设定图形范围内绘图;关(OFF) 用于关闭图形界限检验功能,绘图范围不再受所设界限限制。

(2) 为了明确设定绘图界限所定义的绘图区域,在设置好界限后,在命令行中输入 zoom 或 z 后按回车键,然后输入 A,可使绘图范围位于整个绘图窗口内。

3. 设置参数选项

需要设置参数选项时,选择【工具】→【选项】,按回车键,打开【选项】对话框,如图 1-23 所示。

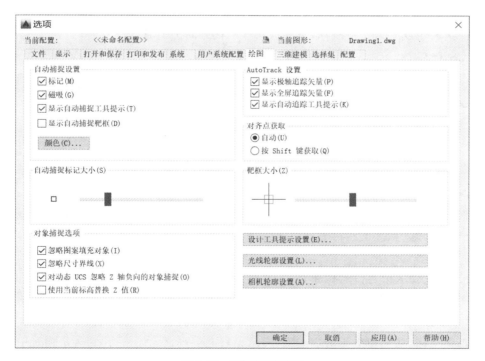

图 1-23 【选项】对话框

10 个选项卡功能如下。

【文件】:确定 AutoCAD 搜索支持文件、驱动程序文件、菜单文件和其他文件的路径。

【显示】:设置窗口元素、布局元素、显示精度、十字光标等属性。

【打开和保存】:设置是否自动保存文件及自动保存文件的时间间隔。

【打印和发布】:设置输出设备。

【系统】:设置当前三维图形的显示特性、设置是否显示 OLE 特性对话框、是否显示所有警告等。

【用户系统配置】:设置是否使用快捷菜单和对象排列方式。

【绘图】:用于自动捕捉等设置。

【三维建模】:设置三维十字光标、三维对象显示。

【选择集】:设置选择集模式、拾取框大小等。

【配置】:实现新建系统配置文件、重命名系统配置文件。

1.4.2　坐标系类型和表示方法

1. 坐标系分类

坐标系是绘图过程中用于定位的一个参照,便于精确拾取点。

1) 直角坐标系和极坐标系

● 直角坐标系:有 3 个互相垂直的坐标轴,X、Y、Z 轴。图中每个点的位置都可以用相对坐标原点的坐标来表示。在二维绘图中,X 轴水平向右为正向,Y 轴竖直向上为正向。

● 极坐标:指定点与固定点的距离和角度,AutoCAD 中,通过指定距离基准的距离和指定从 0 开始测量的角度来确定极坐标,且测量角度默认方向为逆时针。

2) WCS 和 UCS

● WCS:世界坐标系,包括 X 轴、Y 轴和 Z 轴。在二维绘图中仅显示 X 轴和 Y 轴。坐标交汇处显示"口"字形标记,位于图形左下角。

● UCS:可以在 WCS 中任意定义位置的坐标系,称为用户坐标系。

在二维绘图中,一般用 WCS;但在三维作图中,为方便作图,经常需要变换坐标,多使用 UCS。

2. 点坐标的表示及输入

1) 绝对坐标

绝对直角坐标:可以用小数、分数或科学计数输入点的 X、Y、Z 的坐标值,中间用逗号隔开,注意切换至英文输入状态下后再输入。例如:输入(20,29,39)为三维点坐标,(30,29)为二维点坐标。

绝对极坐标:输入值可以看作相对(0,0)的位移,给定的是距离和角度,用"<"分开,其符号左侧为距离,右侧为角度。X 轴正向为 0°,Y 轴正向为 90°,如 100<45(见图 1-24)。

2) 相对坐标

相对直角坐标:在直角坐标前加上@,表示相对上一点,(@50,−100)表示相对于上一点的 X 轴和 Y 轴的位移。注意:正值为沿轴正向,负值为沿轴负向。如图 1-25 所示,起点为 A,输入 (@50,−100),终点为 B 点。X 方向为正值,B 在 A 右侧;Y 方向为负值,B 在 A 下侧。

相对极坐标:在极坐标前加上@,表示相对于前一点的距离和角度。注意:极坐标中,角度为新点与上一点连线与 X 轴的夹角。

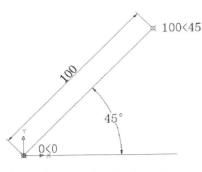

图 1-24　绝对极坐标示例

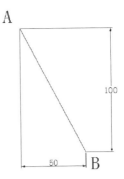

图 1-25　相对直角坐标示例

1.4.3　图层的创建和管理

图层在画图中相当于多层透明纸重叠,先在每一层上画图,再将它们叠在一起形成最终的图形。AutoCAD中的图层比透明纸要强大得多,可根据绘图需要建立很多图层,用来管理各种图形对象。

在绘图中每个图层都有同样的坐标系、绘图界限等。每个图层都有一定的属性和状态,包括图层名、开关状态、冻结状态、锁定状态、颜色等。

1. 图层的创建

创建图层的方法如下。

- 菜单:【格式】→【图层】。
- 工具栏:单击【图层】工具栏中的，如图 1-26 所示。

图 1-26　【图层】工具栏

- 命令行:输入 layer 或 la 后按回车键。

执行命令后,弹出【图层特性管理器】对话框,如图 1-27 所示。

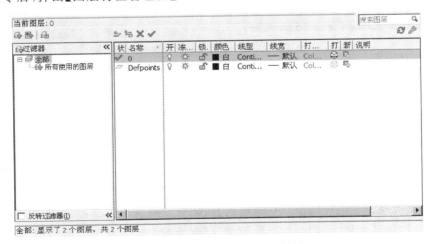

图 1-27　【图层特性管理器】对话框

在【图层特性管理器】对话框中可进行如下操作。

● 新建图层:单击按钮 ，列表中将显示新创建的图层。第一次新建,默认为"图层1"的新图层。依次新建,图层名依次为"图层2""图层3""图层4"……该名称也可以在编辑状态下进行修改。

注意:一般不用图层1、图层2等来命名图层,因为那样会导致使用和查询图层不方便。机械图样一般要创建如下图层:粗实线、细实线、点画线、虚线、文字、尺寸等。

● 删除图层:单击 ✖ 按钮,可以删除所选图层,但图层0不能删。

● 置为当前:单击 ✔ 按钮,将选定图层设置为当前图层,用户创建对象将被放到当前图层。

2. 图层的管理

在【图层特性管理器】对话框中,利用图层列表框可以对图层的特性和状态进行管理,包括线型、颜色、线宽、打印样式等,此外还可更改图层。

1)线型设置

● 选择线型:图层线型是在图层中绘图用的线型,每一图层中应有一个相应线型。不同图层可以设置不同的线型,也可以设置相同的线型。

● 修改线型:默认情况下,新建图层线型都是Continuous(实线),如果要改变某图层的线型,单击【图层特性管理器】对话框中的Continuous(见图1-28),弹出【选择线型】对话框,如图1-29所示。

图 1-28 单击 Continuous

● 加载或重载线型:默认情况下,【选择线型】对话框中只有Continuous这一种线型,如需其他线型,单击该对话框中的【加载】按钮,弹出【加载或重载线型】对话框,如图1-30所示,在该对话框的列表中选择所需线型后,单击【确定】按钮。

图 1-29 【选择线型】对话框

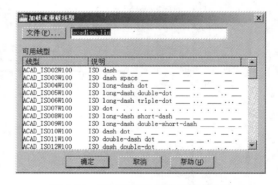

图 1-30 【加载或重载线型】对话框

例如:在机械图样中,点画线选择CENTER2,虚线选择HIDDEN2。

在列表中依次单击这两种线型,单击【确定】按钮后,在【选择线型】对话框中可以看到【已加载的线型】已经增加到3种(见图1-31),此时单击【确定】按钮,当前图层线型仍为Continuous。

单击CENTER2,使之呈现蓝色,即选中状态(见图1-32),此时再单击【确定】按钮。

图 1-31 【选择线型】对话框——加载结束

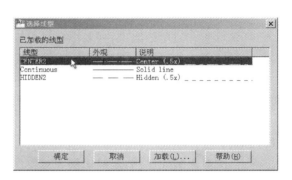

图 1-32 【选择线型】对话框——选择线型

- 调整线型比例：除了 Continuous 线型，每种线型都是由线段、空格、点或文本组成的序列。当用户要求图形界限与默认图形界限相差较大时，在屏幕上或绘图仪上的线型不符合绘图要求，需要调整线型比例。
- 全局缩放比例：在命令行输入 ltscale，按回车键。

例如 200 mm 中心线，在命令行中输入 ltscale，分别将全局比例因子置为 1 和 5 时的效果如图 1-33 所示。

图 1-33 全局比例因子的设置示例

线型管理器的打开方式如下。

- 菜单：【格式】→【线型】。
- 命令行：输入 linetype 或 lt 后按回车键。
- 执行【线型】命令后，会弹出【线型管理器】对话框，如图 1-34 所示。

【线型管理器】对话框显示了系统中加载的所有信息，默认情况下，图形自动加载 Continuous 线型，并提供 ByLayer(随层)和 ByBlock(随块)两个选项。

【线型过滤器】用于指定显示线型的条件，适用于图形中使用了多种线型的场合，如图 1-35 所示。

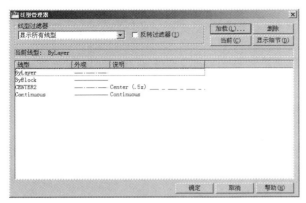

图 1-34 【线型管理器】对话框

图 1-35 【线型管理器】对话框——线型过滤器

- 显示所有线型：所有已经加载的线型都在线型列表里。
- 显示所有使用的线型：列表中只显示绘图过程中使用过的已加载线型。
- 显示所有依赖于外部参照的线型：只显示依赖于外部参照的已加载线型。

【显示细节】：单击【显示细节】按钮后（单击此按钮，则可以在【显示细节】和【隐藏细节】之间切换），在其【详细信息】栏中有两个调整线型比例的编辑框，如图1-36所示。

- 全局比例因子：同上所述，将调整已有对象和将要绘制对象的线型比例，对图形中所有线型都有效。
- 当前对象缩放比例：全局比例和对象比例的乘积，用于调整将要绘制对象的线型比例，这两个值可以相同，也可以不同，线型比例越大，线型要素也越大。

【名称】、【说明】：单击某种线型，在【详细信息】的【名称】、【说明】中可对线型的名称和说明进行编辑（见图1-37），线型的命名支持中文，不习惯英文的用户可以将名称设置为中文。

图1-36 【线型管理器】对话框——显示细节

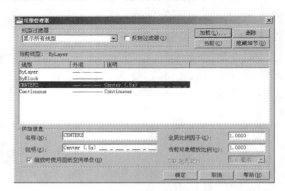

图1-37 【线型管理器】对话框——名称、说明

【缩放时使用图纸空间单位】：该选项对于多个视图绘图很有用，即按相同的比例在图纸空间和模型空间缩放线型。

【ISO笔宽】：只对ISO线型有用，将线型比例设置为标准ISO值列表中的一个。

2）颜色设置

在【图层特性管理器】对话框中可以对图层的特性和状态进行管理，特性管理包括名称、颜色、线型、线宽等。

【索引颜色】：提供了AutoCAD中使用的标准颜色，如图1-38所示。一般来说，为某一对象或图层指定一种标准颜色即可。

不同的对象采用不同颜色有利于进行分辨，默认颜色为白色，系统中有255种颜色供用户使用，其中有7种是标准颜色。

这7种颜色分别有自己的编号，分别为1（红色）、2（黄色）、3（绿色）、4（青色）、5（蓝色）、6（品红色）、7（黑色）。

【真彩色】：提供真彩色，指定时可以使用HSL或RGB颜色模式，如图1-39所示。使用RGB颜色模式来选择颜色时，颜色可以分解为红、绿和蓝三个分量，为每个分量指定其颜色的强度。如红色可分解为红255，绿0，蓝0。

【配色系统】：允许从一系列的PANTONE或者RAL中选择所需颜色表作为一个标准表，然后从色带滑块中选择所需的颜色，如图1-40所示。

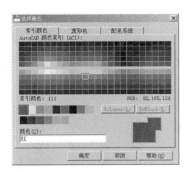

图 1-38 【选择颜色】对话框——
索引颜色

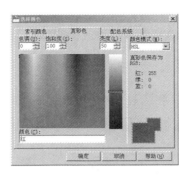

图 1-39 【选择颜色】对话框——
真彩色

图 1-40 【选择颜色】对话框——
配色系统

根据机械工程 CAD 制图规则,粗实线为白色,细实线为绿色,点画线为红色,细虚线为黄色。

3)线宽设置

使用线宽特性可以创建粗细(即宽度)不一的线,用于不同的地方,便于图形化表示对象和信息。

默认情况下,新建图层的线宽为默认值,AutoCAD 的默认线宽为 0.25 mm,默认的线宽值可在【选项】对话框中更改。

更改某图层的线宽:单击【图层特性管理器】对话框中该图层的线宽值,如图 1-41 所示,弹出【线宽】对话框,如图 1-42 所示,在该对话框中单击所需线宽后,单击【确定】按钮即可。

图 1-41 单击线宽值

图 1-42 【线宽】对话框

本书中粗实线宽度采用 0.5 mm,其他细线(细实线、虚线、点画线)宽度则为 0.25 mm。

4)打印设置

图层打印样式是 AutoCAD 2000 以后引入的特性,用于控制某个图形输出时的外观,一般不对打印样式进行修改。

图层的可打印性是指某图层上的图形对象是否需要打印输出。系统默认是可以打印的,在打印列表下,打印特性图标有可打印和不可打印两种状态,如图 1-43 所示。

5)更改图层

工程图中不同线型在不同图层,在画图时需要把所需图层置于当前图层,然而频繁更换图层会影响绘图效率,且会增加误操作的可能。绘图中,可以在最常用的图层上画图,然后用夹持点功能转换图层：

（1）不执行任何命令状况下，鼠标单击要修改的线型；

（2）修改线型；

（3）单击图层下拉列表；

（4）选择所需图层（见图1-44）且置于当前图层；

（5）按 Esc 键结束。

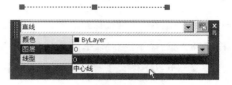

图 1-43　图层设置——是/否可打印　　　　　图 1-44　更改图层

3. 图层状态

【图层特性管理器】对话框中，除了可以创建图层并设置图层属性，还可以对创建的图层进行状态设置。控制图层状态包括图层开关、图层冻结与解冻、图层锁定与解锁。

1）图层开关

图标表示图层处于打开状态，此时图层为可见，也可以打印。

图标表示图层处于关闭状态，此时图层不可见，且不可以打印，即使"打印"项为打开状态。

2）图层冻结与解冻

图标表示图层处于冻结状态，此时不仅该图层不可见，且在选择对象时忽略该图层中所有实体，在对图形进行重新生成时，也会忽略冻结图层上的实体。冻结图层后不能在该图层上绘制新的图形，也不能编辑和修改。

图标表示图层处于解冻状态，此时可以在该图层上绘制新的图形，可以编辑修改。

3）图层锁定与解锁

图标表示图层处于锁定状态，锁定的图层是可见的，也可定位到图层上的实体，但不能修改，可以在图层上绘制新图形。

图标表示图层处于解锁状态。

注意：把不需要修改的图层全部锁定，这样就不用担心会意外修改某些实体了。

◀ 1.5　项 目 实 训 ▶

1.5.1　项目1：设置界面和基本绘图环境

1. 设置界面

以 acadiso.dwt 为样板新建图形文件，对其进行有关设置。

项目 1

（1）新建样板文件：单击【文件】→【新建】，建立新图形文件。

（2）切换绘图空间：单击屏幕右下角的切换工作空间 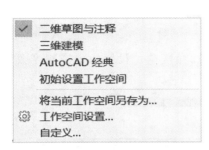 二维草图与注释▼（见图 1-45），切换至 AutoCAD 经典模式。

（3）设置背景颜色：单击【工具】→【选项】，打开【选项】对话框，单击【显示】选项卡，在【窗口元素】选项区域单击【颜色】按钮，打开【图形窗口颜色】对话框，如图 1-46 所示。

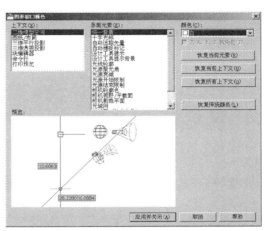

图 1-45　切换工作空间

图 1-46　【图形窗口颜色】对话框

在【颜色】选项中选择白色，单击【应用并关闭】按钮，返回【选项】对话框，单击【确定】按钮。

选择【用户系统配置】选项卡，设置鼠标右键单击的"默认模式"为"重复上一个命令"。

选择【用户系统配置】选项卡，设置线宽随层、滑块至左侧一格，按实际线宽显示。

（4）保存：单击【文件】→【保存】，打开【图形另存为】对话框，设置文件名为"项目 1"，确定保存路径，文件类型选择"AutoCAD图形样板（＊.dwt）"，如图 1-47 所示，单击【保存】按钮。

2. 设置绘图环境

以 acadiso.dwt 为样板文件，对其进行相关设置。

（1）新建文件：单击【文件】→【新建】选项，以 acadiso.dwt 为样板文件新建文件，如图 1-48 所示。

图 1-47　【图形另存为】对话框

图 1-48　【选择样板】对话框

（2）设置背景颜色：单击【工具】→【选项】，打开【选项】对话框，单击【显示】选项卡，在【窗口元素】选项区域单击【颜色】按钮（见图 1-49），打开【图形窗口颜色】对话框。在【颜色】选项中选择白色，单击【应用并关闭】按钮后返回【选项】对话框，单击【确定】按钮完成设置。

（3）设置图形界限。

以左下角（0,0），右上角（200,200）为图形界限。

菜单:【格式】→【图形界限】,设置图形界限。

```
命令:'_limits
重新设置模型空间界限:
指定左下角点或 [开(ON)/关(OFF)] <0.0000,0.0000>:
指定右上角点 <420.0000,297.0000>:200,200
命令:'_limits
重新设置模型空间界限:
指定左下角点或 [开(ON)/关(OFF)] <0.0000,0.0000>:on
```

如在图形界限外绘图,命令行会有提示:

```
命令:_line
指定第一点:
**超出图形界限
```

(4) 绘图单位:将长度单位设置为小数,精度为整数位;角度单位设置为十进制度数,精度为整数位。

显示栅格:在状态栏中单击【栅格显示】![栅格设置] ,显示图形界限区域,如图 1-50 所示。

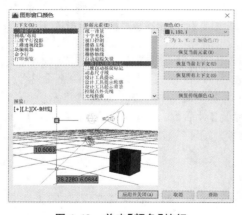

图 1-49 单击【颜色】按钮

图 1-50 栅格显示

显示全部栅格:

```
命令:zoom
指定窗口的角点,输入比例因子 (nX 或 nXP),或者
[全部(A)/中心(C)/动态(D)/范围(E)/上一个(P)/比例(S)/窗口(W)/对象(O)] <实时>:a
正在重生成模型。
```

注意:在 AutoCAD 2016 版本中,如只需要在图形界限内显示栅格,则单击【菜单】→【工具】→【绘图设置】,并在弹出的【草图设置】窗口内将【栅格行为】中"显示超出界限的栅格"选项去掉即可。

1.5.2 项目 2:坐标输入方法

使用 4 种坐标方法绘制如图 1-51 所示的图形。

1. 绝对坐标

项目 2

1) 绝对直角坐标

绘制如图 1-51 所示图形的绝对直角坐标命令行提示和输入命令如表 1-1 所示。

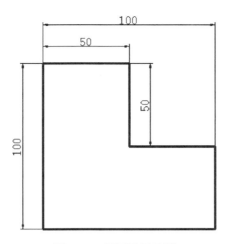

图 1-51　平面图形示例

表 1-1　绝对直角坐标命令行提示和输入命令

命　令　行	输 入 命 令
命令：	line
指定第一点：	50,50
指定下一点或［放弃(U)］：	150,50
指定下一点或［放弃(U)］：	150,100
指定下一点或［闭合(C)/放弃(U)］：	100,100
指定下一点或［闭合(C)/放弃(U)］：	100,150
指定下一点或［闭合(C)/放弃(U)］：	50,150
指定下一点或［闭合(C)/放弃(U)］：	c

2）绝对极坐标

绘制如图 1-51 所示图形的绝对极坐标命令行提示和输入命令如表 1-2 所示。

表 1-2　绝对极坐标命令行提示和输入命令

命　令　行	输 入 命 令
命令：	line
指定第一点：	0,0
指定下一点或［放弃(U)］：	100<0
指定下一点或［放弃(U)］：	111.8<27
指定下一点或［闭合(C)/放弃(U)］：	70.52<45
指定下一点或［闭合(C)/放弃(U)］：	111.8<63
指定下一点或［闭合(C)/放弃(U)］：	100<90
指定下一点或［闭合(C)/放弃(U)］：	c

2. 相对坐标

1）相对极坐标

绘制如图 1-51 所示图形的相对极坐标命令行提示和输入命令如表 1-3 所示。

表 1-3　相对极坐标命令行提示和输入命令

命　令　行	输入命令
命令：	line
指定第一点：	任意单击屏幕上一点
指定下一点或［放弃(U)］：	@100＜0
指定下一点或［放弃(U)］：	@50＜90
指定下一点或［闭合(C)/放弃(U)］：	@50＜180
指定下一点或［闭合(C)/放弃(U)］：	@50＜90
指定下一点或［闭合(C)/放弃(U)］：	@50＜180
指定下一点或［闭合(C)/放弃(U)］：	c

2）相对直角坐标

绘制如图 1-51 所示图形的相对直角坐标命令行提示和输入命令如表 1-4 所示。

表 1-4　相对直角坐标命令行提示和输入命令

命　令　行	输入命令
命令：	line
指定第一点：	任意单击屏幕上一点
指定下一点或［放弃(U)］：	@100,0
指定下一点或［放弃(U)］：	@0,50
指定下一点或［闭合(C)/放弃(U)］：	@−50,0
指定下一点或［闭合(C)/放弃(U)］：	@0,50
指定下一点或［闭合(C)/放弃(U)］：	@−50,0
指定下一点或［闭合(C)/放弃(U)］：	c

1.5.3　项目 3：新建图层

项目 3

在 AutoCAD 中新建一个图形文件，创建 4 个图层，分别命名为粗实线、点画线、虚线、细实线。用"直线"命令绘制如图 1-52 所示的 4 种线型，并进行图层的关闭和锁定操作。

（1）单击工具栏上的图层按钮 绉，打开【图层特性管理器】对话框。

（2）单击【新建】按钮，依次新建粗实线图层、点画线图层、虚线图层、细实线图层。

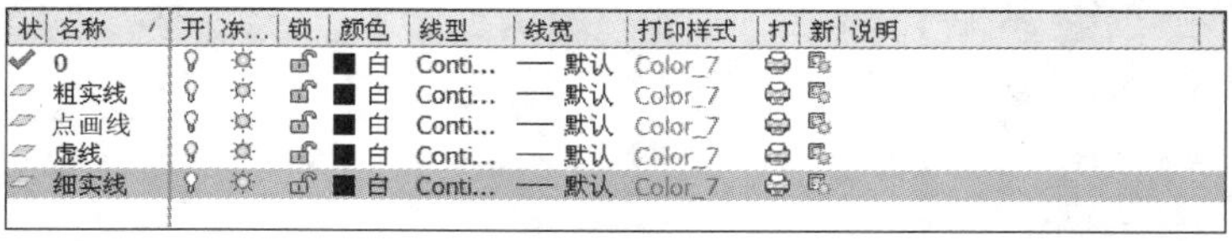

图 1-52　新建 4 个图层

（3）单击颜色图标■，在【选择颜色】对话框中，依次选择粗实线为白色、点画线为红色、细实线为蓝色、虚线为绿色。

（4）单击线型图标"Continuous"，按图 1-53 所示更改各图层的线型，并设置粗实线的线宽为 0.5，点画线、细实线、虚线的线宽为"默认"，如图 1-53 所示。

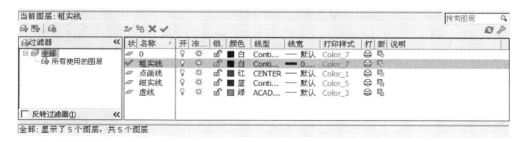

图 1-53 【图层特性管理器】——修改线型和线宽

（5）在这 4 个图层上画长度为 100 mm 的直线，如图 1-54 所示。

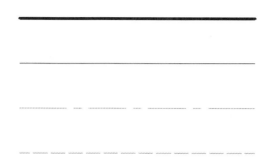

图 1-54 绘制直线

（6）关闭粗实线图层和虚线图层，并锁定其他两个图层，如图 1-55 所示。

图 1-55 关闭和锁定图层

习　　题

一、单选题

1. 重新执行上一个命令的最快方法是（　　　）。

A.按空格键　　　　　B.按回车键　　　　　C.按 F1 键　　　　　D.按 Esc 键

2. AutoCAD 2016 图形文件和样板文件的扩展名分别是（　　　）。

A.DWT，DWG　　　　B.DWG，DWT　　　　C.BAK，BMP　　　　D.BMP，BAK

3. 执行取消命令可以（　　）。

A.按回车键　　　　　　　B.按 Esc 键　　　　　　C.按 F1 键　　　　　　D.按鼠标右键

4. 在十字光标处被调用的菜单，称为（　　）。

A.鼠标菜单　　　　　　　B.十字交叉线菜单　　　C.此处不出现菜单　　　D.快捷菜单

5. 在命令行状态下，不能调用帮助功能的操作是（　　）。

A.键入 help 命令　　　B.快捷键 Ctrl＋H　　　C.键入？　　　　　　　D.功能键 F1

6. 缺省的世界坐标系的简称是（　　）。

A.UCS　　　　　　　　　B.CCS　　　　　　　　　C.WCS　　　　　　　　D.UCS1

7. 设置夹点大小及颜色是在【选项】对话框中的（　　）选项卡下。

A.打开和保存　　　　　B.系统　　　　　　　　C.显示　　　　　　　　D.选择集

8. 在 AutoCAD 中，使用（　　）可以在打开的图形间来回切换，但是，在某些时间较长的操作（例如重生成图形）期间不能切换图形。

A.Ctrl＋F8 键或 Ctrl＋Tab 键　　　　　　　B.Ctrl＋F9 键或 Ctrl＋Shift 键

C.Ctrl＋F7 键或 Ctrl＋Lock 键　　　　　　　D.Ctrl＋F6 键或 Ctrl＋Tab 键

9. 【缩放】命令在执行过程中改变了（　　）。

A.图形的界限范围大小　　　　　　　　　　B.图形的绝对坐标

C.图形在视图中的位置　　　　　　　　　　D.图形在视图中显示的大小

10. 当启动向导时，如果选择【使用样板】选项，每个 AutoCAD 的样板图形的扩展名应为（　　）。

A.DWT　　　　　　　　　B.DWG　　　　　　　　C.TEM　　　　　　　　D.DWK

11. 可以利用（　　）方法来调用命令。

A.在命令行中输入命令　　　　　　　　　　B.单击工具栏上的按钮

C.选择下拉菜单中的菜单项　　　　　　　　D.三者均可

12. 按（　　）可以进入文本窗口。

A.功能键 F2　　　　　　B.功能键 F1　　　　　　C.功能键 F4　　　　　D.功能键 F3

13. 设置光标大小需在【选项】对话框中的（　　）选项卡下设置。

A.草图　　　　　　　　　B.打开和保存　　　　　C.显示　　　　　　　　D.系统

二、绘图题

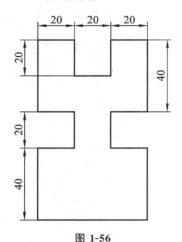

图 1-56

1. 绘制图样，通常建立哪些图层，图层之间如何切换，如何将某一图形对象修改到另一图层？

2. 打开"轴"图形文件，完成下列修改：

（1）修改"中心线"图层名称为"点画线"图层；

（2）修改轴线（细实线）为点画线，调整点画线的线型比例；

（3）建立"文字"图层，将标题栏中的文字修改到"文字"图层。

3. 将图形界限设置为 100 mm×100 mm；将长度单位设置为小数，精度为整数位；角度单位设置为十进制度数，精度为整数位。用 4 种坐标输入方法画出如图 1-56 所示的图形，并分别保存在桌面上。

第 2 章

精确及快速绘图

【章节提要】

有时用绘图命令无法准确绘制出我们所需要的图形,例如在用直线命令 ✎ 绘制如图 2-1 所示的图形时,如果未打开精确绘图命令,无法精确定位,就会得到图 2-2。

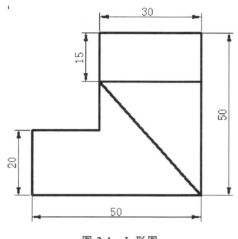

图 2-1 L 形图

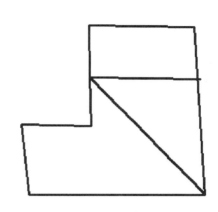

图 2-2 未打开精确绘图

为了提高绘图的质量,AutoCAD提供了精确绘图的一些辅助工具,包括捕捉、栅格、正交、极轴追踪、对象捕捉、对象捕捉追踪等。这些工具大多是透明命令,即可以同其他编辑和绘图命令嵌套一起使用的命令,在使用编辑和绘图命令时可以随时进入和退出此类命令。可以通过单击状态栏中的按钮调用这些工具,右击按钮可进行相应辅助工具的设置。

【学习目标】

- 掌握栅格和捕捉的方法;
- 掌握对象捕捉和对象追踪的方法;
- 掌握正交和极轴的方法;
- 掌握工具选项板的使用方法。

◀ **2.1 栅格与捕捉** ▶

在绘图时,可以通过使用栅格与捕捉进行精确定位,同时也可以清楚看到图形边界,以提高绘图的效率。

2.1.1 栅格

栅格是一种可被参照的网格点,打开栅格可以显示图形界限。借助栅格,可以看清图形边界、两对象间距离或对齐关系。根据绘图的需要可以打开或关闭栅格,栅格的间距大小也可以调整,还可以结合栅格与捕捉,在栅格点之间进行绘图。

1. 利用【草图设置】对话框启用栅格

(1) 打开【草图设置】对话框(见图2-3)有以下几种方法。

- 单击【工具】→【草图设置】。
- 命令行:输入 dsettings(或 ds),按回车键。
- 状态栏启用:在状态栏附近单击鼠标右键,从弹出的快捷菜单中单击【捕捉设置】命令,如图2-4所示。

(2) 启用栅格:在【草图设置】对话框中,在【捕捉和栅格】选项卡下选中【启用栅格】选项,就会显示栅格。

2. 利用状态栏启用栅格

如图2-5所示,在状态栏中单击▦,命令行提示:命令:<栅格 开>,此时该项呈浅蓝色。再次单击该按钮,该项呈灰色▦,命令行提示:<栅格 关>。

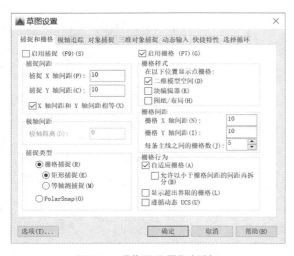

图 2-3 【草图设置】对话框

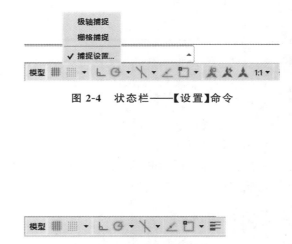

图 2-4 状态栏——【设置】命令

图 2-5 状态栏上的【栅格】按钮

3. 快捷键启用栅格

按 F7 键或按 F7+Fn 组合键,可以直接打开栅格。

4. 栅格设置

【草图设置】对话框中有 7 个选项卡,分别是【捕捉和栅格】、【极轴追踪】、【对象捕捉】、【三维对象捕捉】、【动态输入】、【快捷特性】和【选择循环】,下面介绍【捕捉和栅格】选项卡。

(1) 在【栅格 X 轴间距】文本框中,输入栅格间的水平距离。

(2) 在【栅格 Y 轴间距】文本框中,输入栅格间的垂直距离。

可根据需要调整水平和垂直距离,然后单击【确定】按钮即可。

2.1.2 捕捉

【捕捉】命令可以显示不可见的参考栅格。将捕捉功能打开时,光标将在不可见的捕捉网格点上做步进式的跳动。其捕捉间距在 X 和 Y 方向上默认相同,但也可以设置为不同。

当捕捉设置打开时,栅格点捕捉打开,可将光标锁定在捕捉栅格点上。通过捕捉可以快速指定点,便于精确地设置点的位置。当捕捉关闭时,将不能捕捉栅格点。

但是,如果此时通过命令行输入点的坐标,AutoCAD 将忽略捕捉间距的设置。

1. 启用捕捉

单击【工具】→【绘图设置】命令,打开【草图设置】对话框,单击【捕捉和栅格】选项卡,如图 2-3 所示;单击选中【启用捕捉】复选框。

用鼠标单击状态栏上的【对象捕捉】按钮,或者按 F9 键,也可以实现捕捉打开和关闭。

2. 设置捕捉间距

(1) 在【捕捉 X 轴间距】文本框中输入捕捉点间的水平距离。

(2) 在【捕捉 Y 轴间距】文本框中输入捕捉点间的垂直距离。

(3) 垂直间距和水平间距可以相同,也可以不同。

(4) 单击【确定】按钮。

◀ 2.2 正交与极轴 ▶

2.2.1 正交

打开正交,可以给系统提供类似于丁字尺的辅助工具,可以使光标只能沿水平和竖直方向移动。打开正交模式,可以使用直接距离输入方法来创建指定长度的水平线或者垂直线。

如果通过命令行直接输入坐标或者直接选择对象捕捉,将忽略正交功能。

临时打开或者关闭正交,可在画图时按住临时替代键 Shift。但是使用临时替代键,无法使用直接距离(也就是命令行)输入。

打开和关闭正交的方式如下:

(1) 单击状态栏上的【正交模式】按钮 ;

(2) 按 F8 键打开或关闭正交功能。

提示:当绘制曲线(如样条曲线)时,最好关闭正交功能,方便取点。

正交模式和极轴模式不可以同时打开,打开正交模式将关闭极轴模式。

2.2.2 极轴

极轴即极轴追踪,使用极轴追踪时,可以按照一定角度或者角度增量去追踪。

1. 启用极轴

(1) 单击状态栏上的【极轴追踪】按钮,启用后该按钮由灰色变为浅蓝色。

(2) 按 F10 键实现极轴打开和关闭的切换。

2. 设置极轴角

(1) 状态栏设置:在该选项处单击鼠标右键,弹出快捷菜单,如图 2-6 所示,列出系统中默认的增量角,如 5、10、15 等,选择极轴增量角。

（2）草图设置：如快捷菜单中无所需增量角,单击【设置】命令,弹出【草图设置】对话框。如图 2-7 所示,单击【极轴追踪】选项卡,在【增量角】中选择合适的角度,也可以勾选【附加角】复选框,单击【新建】按钮。

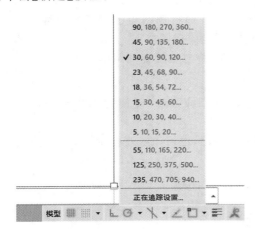

图 2-6　通过状态栏设置极轴角

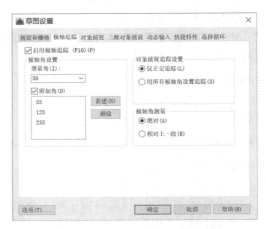

图 2-7　【草图设置】对话框——设置极轴角

◀ **2.3　对象捕捉与追踪** ▶

在使用 AutoCAD 绘图的过程中,经常要指定一些点,比如中点、端点等,方便精确绘图。这些位置通过观察确定或者作图确定都非常麻烦而且不准确。AutoCAD 提供了对象捕捉功能,可以快速准确地拾取这些点,从而可以精确绘图。

2.3.1　对象捕捉

1. 自动捕捉

对象捕捉是指当执行某个绘图命令需要输入一点时,将点自动定位到与图形相关的关键点上,比如线段的中点、端点等,可以通过单击状态栏中的【对象捕捉】按钮或按 F3 键来控制其开启与关闭。将【草图设置】对话框的【对象捕捉】选项卡设置为当前选项卡,勾选各关键点的复选框,启用该捕捉功能,如图 2-8 所示。对象捕捉功能开启时,系统会自动找出已画图形上的关键点。

AutoCAD 将各种对象捕捉工具集中在工具条上,右键单击任何工具栏,在弹出的快捷菜单中勾选【对象捕捉】,【对象捕捉】工具栏就会显示。

单击状态栏中的【对象捕捉】按钮，然后单击鼠标右键,弹出的快捷菜单如图 2-9 所示,单击选择所需要的对象捕捉选项。

注意：并非打开的自动捕捉模式越多越好,因为打开的自动捕捉模式太多会使系统无法识别选定点。一般可以根据需要选择自动捕捉模式,例如,如果绘制的图形中端点和交点较多,就可以打开端点和交点组合模式。实践证明,最近点捕捉模式与其他任何捕捉模式都不能很好地组合。

图 2-8 【草图设置】对话框——启用对象捕捉   图 2-9 状态栏上【对象捕捉】的快捷菜单

2. 单点捕捉

在绘图时,需要用到一些特殊点,而此时又不是对象捕捉能捕捉的点,那么就要用到临时追踪点。常用的临时追踪点集中在【对象捕捉】工具栏上。利用【对象捕捉】工具栏可以进行单点捕捉。调用【对象捕捉】工具栏的方法如下:

(1)在任意工具栏上,单击鼠标右键,出现工具栏快捷菜单,勾选【对象捕捉】,则出现【对象捕捉】工具栏,如图 2-10 所示;

(2)在绘图区,按住 Shift 或 Ctrl 键,同时单击鼠标右键,可以调出【对象捕捉】快捷菜单,如图 2-11 所示。

图 2-10 【对象捕捉】工具栏   图 2-11 绘图区【对象捕捉】快捷菜单

3. 设置捕捉框参数

AutoCAD 给用户提供了可以设置捕捉方式的参数,包括捕捉框的大小、颜色。在【绘图】选项卡【自动捕捉设置】选项区域,可以设置自动捕捉方式。设置方法如下:

(1)【工具】→【选项】或者在命令行中输入 options;

(2)在弹出的【选项】对话框中单击【绘图】选项卡,如图 2-12 所示。

图 2-12 【选项】对话框——绘图

2.3.2 对象捕捉追踪

（3）根据作图需要修改设置，单击【确定】按钮。

【自动捕捉设置】选项区域中的主要选项如下。

（1）【标记】复选框：设置是否捕捉特征点时显示标记。

（2）【磁吸】复选框：光标靠近捕捉对象时，会自动锁定在捕捉点上。

（3）【显示自动捕捉工具提示】复选框：用于设置在自动捕捉到特征点时，是否显示对象。

（4）【显示自动捕捉靶框】复选框：用于显示和关闭靶框，以及调整靶框的大小。

对象捕捉追踪是指当自动捕捉到图形中一个特征点后，再以这个点为基点沿设置的极坐标角度增量追踪另一点，并在追踪方向上显示一条辅助线，可以在该辅助线上定位点。在使用对象捕捉追踪时，必须打开对象捕捉，首先捕捉一个点作为追踪参考点。可以通过单击状态栏上的【对象捕捉追踪】按钮或按 F11 键来控制其开启与关闭。在状态栏上的【对象捕捉】或【对象捕捉追踪】按钮上单击鼠标右键，可进行相应的设置。在对象捕捉模式选项组内可以选择一种或多种对象捕捉模式。

对象捕捉追踪就是沿对象捕捉点的对齐路径（系统默认水平方向和垂直方向）进行追踪，对象捕捉点上显示小加号（＋），一次可以对多个对象进行追踪，最多可以获得 7 个追踪点。在追踪的路径（长虚线）处移动光标，可以显示水平、垂直或者极轴方向路径。

启用或关闭对象捕捉追踪的方法如下：

（1）单击状态栏上的 ∠ 对象捕捉选项（关闭时该选项为灰色）；

（2）按 F11 键。

用此功能前先设置捕捉方式，当靠近指定捕捉模式时就显示当前光标离焦点的距离和角度，并显示一条表示追踪路径的虚线。

在【极轴追踪】选项卡中，有两种对象捕捉追踪设置选项，其一仅显示正交状态对象追踪路径，其二显示所有极轴角的追踪路径。

【例 2-1】 已知两条直线（一条水平线和一条竖直线，见图 2-13），通过直线命令对象捕捉追踪到两条直线的交点。

（1）单击直线命令，并打开对象捕捉追踪功能。

（2）追踪直线端点（垂直符号处），向右向上分别移动鼠标，出现长虚线（追踪线）。

（3）两条线相交处有小"×"，为两追踪线的交点。

【例 2-2】 图 2-1 绘制过程如下：

（1）在状态栏上，单击打开【正交模式】、【对象捕捉】、【对象捕捉追踪】、【显示/隐藏线宽】四项 ；

（2）单击【直线】命令；

（3）单击屏幕上任意一点；

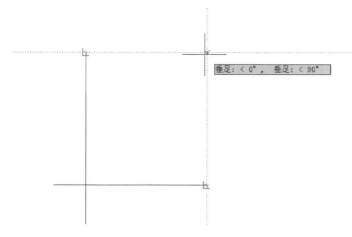

图 2-13　对象捕捉追踪示例

（4）移动鼠标，当极轴为 0°方向时，输入 50；

（5）将鼠标依次按图 2-1 移动到水平和竖直方向，输入相应尺寸数字后按回车键。

2.4　动态输入、显示线宽

动态输入功能可以在光标处提供命令界面，可以快速输入以帮助用户专注于绘图。

2.4.1　启用动态输入

打开动态输入功能的方法如下：
（1）单击状态栏上的【动态输入】按钮；
（2）按 F12 键可以临时关闭动态输入功能。

在如图 2-14 所示的【草图设置】对话框的【动态输入】选项卡下，可以设置指针输入、标注输入和动态提示。

1. 指针输入

勾选【启用指针输入】时，光标附近出现提示框，可以在提示框中输入坐标，不用在命令行中输入坐标。

第二点和后面点为相对极坐标，不需要输入@符号。如果要使用绝对坐标，使用前缀"#"。

2. 标注输入

当命令提示输入第二点时，工具栏提示中显示距离和角度。按 Tab 键移动到需要更改的地方，在工具栏提示中的值会随光标改变。

3. 动态提示

启用【动态提示】，光标显示在光标附近的工

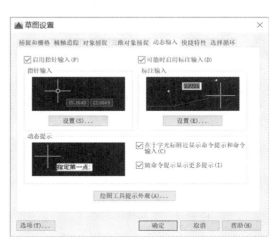

图 2-14　【草图设置】——动态输入

具栏提示中。用户在工具栏提示中输入相应信息。按上箭头键可以看到上个点的坐标输入,按下箭头键可以查看相关选项(如闭合、放弃)。

2.4.2 显示线宽

在绘制工程图样时,有粗线,也有细线。在绘图时,可打开线宽显示,预览图线的设置是否正确。显示线宽的打开方式:单击状态栏上  模型 ⊞ ⊞ ▾ ∟⊘ ▾ ∠◻ ▾ ◧ 的 ◧ ,按钮呈灰色为隐藏线宽状态,呈蓝色为显示线宽状态。当隐藏线宽时,如图 2-15(a)所示;当显示线宽时,如图 2-15(b)所示。

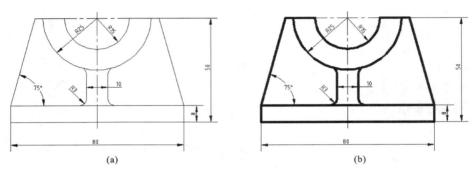

(a)   (b)

图 2-15 线宽隐藏和显示示例

◀ 2.5 图形显示控制 ▶

在 AutoCAD 中,可以用多种方法实现缩放视图、平移视图。

2.5.1 缩放视图

缩放视图可以让真实的尺寸保持不变,增加或减少图形对象的显示尺寸。改变显示区域大小,可以在画图过程中更准确地绘图。

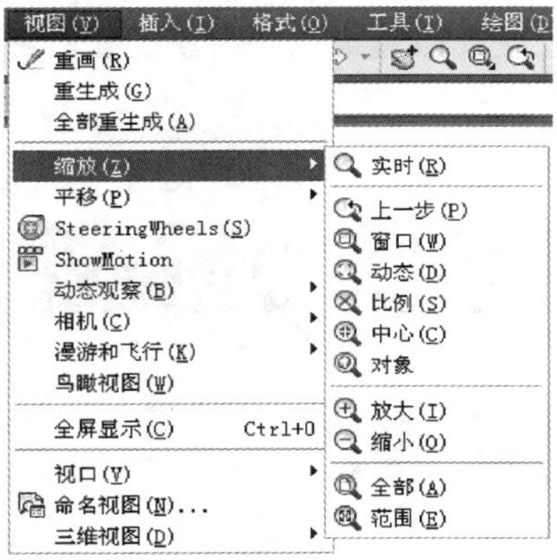

启动【缩放】命令的方式如下。

● 菜单:【视图】→【缩放】,选择需要的选项,如图2-16 所示。

● 工具栏:单击标准工具栏或者【缩放】工具条  中的按钮。

● 鼠标中键:在绘图窗口滚动鼠标中键,向上滚动为放大视图,向下滚动为缩小视图。

● 右键快捷菜单:单击鼠标右键,在弹出的快捷菜单中选择【缩放】命令。

● 命令行:输入 zoom 或者 z,按回车键。

启动【缩放】命令,命令行提示信息如下。

图 2-16 缩放视图菜单

指定窗口的角点,输入比例因子(nX 或 nXP),或者

[全部(A)/中心(C)/动态(D)/范围(E)/上一个(P)/比例(S)/窗口(W)/对象(O)]<实时>:

根据提示直接确定窗口角点或输入比例因子。第二行提示的选项含义如下。

【全部(A)】：显示所有实体图形,其范围取决于图形所占范围和绘图界限中较大的一个。

【中心(C)】：设置图形显示中心和放大倍数。

【动态(D)】：动态缩放,即动态缩放图形。选取该项后,屏幕上将显示如图 2-17 所示的屏幕形式。其中:蓝色线框(图中 1 指示)表示图形界限或图形实际所占据的区域;绿色线框(图中 2 指示)表示当前显示的图形,即上一次在屏幕上显示的图形区域相对于整个绘图区域的位置;有一个带有"×"的矩形框(图中 3 指示)为选取窗口,它是可以改变大小及位置的。动态缩放前后的画面如图 2-17 所示。

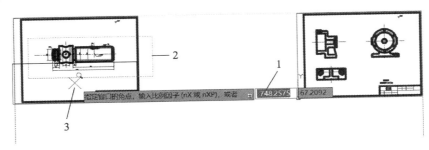

图 2-17　动态缩放示例

在操作时,"×"与"→"是通过单击鼠标左键来相互转换的。"×"在视图框中心,移动鼠标可以改变窗口位置。"→"在窗口右边线上,移动鼠标可以改变窗口大小。

最后,用"×"定出图形显示中心,按下回车键或空格键将框内的图形显示到整个屏幕上,框的尺寸越小,放大倍数就越大。

【范围(E)】：与边界无关,显示整个图形。

【上一个(P)】：恢复上一次显示视图。可以连续使用,最多可以恢复到前 10 次显示视图。

【比例(S)】：允许输入一个数值作为缩放系数进行视图缩放。

【窗口(W)】：将由两角点定义的窗口图形尽可能大地显示到屏幕上。用窗口确定缩放区域,系统对选定的区域全屏显示。

【对象(O)】：以选定对象为基准进行缩放。

【实时】：系统默认项,直接按回车键即可选中该项。在该提示下直接按回车键,将进入实时缩放状态,此时屏幕出现一个类似于放大镜的标记,按住鼠标左键向上移动则图形放大,向下移动则图形缩小。

这时,按 Esc 键或者回车键退出,或单击右键显示快捷菜单。

2.5.2　平移视图

使用 AutoCAD 绘图时,当前图形文件中所有对象不一定需要全部显示,如观察屏幕外图形,可用视图平移命令 pan。

启用方法如下。

- 菜单：【视图】→【平移】。
- 工具栏：单击标准工具栏中的 按钮。
- 命令行：输入 pan 或者 p,按回车键。

● 快捷菜单：命令执行中，单击鼠标右键，弹出快捷菜单，如图 2-18 所示。

平移命令的默认选项为实时平移模式，执行该命令后，屏幕光标是一个手形状的标记，表示当前正处于平移模式，若按住鼠标左键进行拖动，那么图形也随之平行移动。

AutoCAD还提供了平移命令的其他选项，这些选项可以从【视图】→【平移】的子菜单中选择，如图 2-19 所示，可沿指定的左、右、上、下任一方向平移图形。

图 2-18 快捷菜单——【平移】

图 2-19 【视图】→【平移】

在【平移】子菜单里，【点】选项是平移图形的另一种方法。【点】选项即定点，是指定放置平移图形的位置，可使用单点或两点来指定放置点。

单点是指定一个放置点，把该点的坐标作为屏幕图形的相对平移量，实际上是相对坐标原点来计算平移量。

两点就是通过指定两个点来确定放置的位置，按照两点间距离为平移量，沿基点到另一点的方向平移图形。

菜单中"左、右、上、下"分别表示实现图形向左、向右、向上、向下移动。

◀◀ **2.6 工具选项板** ▶▶

工具选项板可以提供共享块、图案填充工具及其他工具。除此之外，工具选项板还包含由第三方开发人员提供的自定义工具。合理应用工具选项板，用户可以方便地将一些常用图块、填充图案、命令工具等添加到图形中。同时，还可以根据自己的需要创建工具选项板和选项板组，有效提高设计效率。

2.6.1 打开工具选项板

打开工具选项板的方法如下。

● 菜单：【工具】→【选项板】→【工具选项板】。

● 工具栏：单击标准工具栏上的按钮【工具选项板】窗口。

● 命令行：输入 toolpalettes 后按回车键。

工具选项板中还包含【建模】、【机械】、【注释】等多个选项卡，如图 2-20 所示，从每一个选项卡中都可以选择相应的工具来编辑和绘制图形对象。

2.6.2 创建工具

通过工具选项板创建工具的方法如下。

- 打开工具选项板,单击【建模】(或者其他)选项卡,单击对应的工具,并拖动到绘图区。
- 如打开建模等类型的工具,需要根据命令提示,提供相应参数。比如单击"平截头棱锥体",命令行提示:

> 指定底面的中心点或［边(E)/侧面(S)］:

- 如果创建【机械】或【建筑】等常用块,用户需要根据命令行提示,将块插入合适位置,但很可能仅仅只完成了块插入,还要根据需要去调整图块尺寸等。

例如,将滚珠轴承插入图 2-21 所示的位置,命令行提示如下。

> 指定插入点或［基点(B)/比例(S)/X/Y/Z/旋转(R)］:s
> 指定 XYZ 轴的比例因子 <1>:5

图 2-20　工具选项板

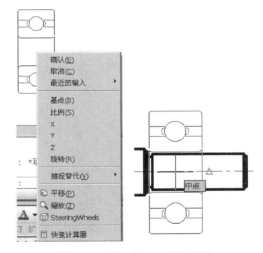

图 2-21　插入块——滚珠轴承

那么插入图块的步骤如下:

(1) 单击工具选项板中对应的图块;

(2) 光标移到绘图区;

(3) 单击鼠标右键,在快捷菜单中选择相应的坐标轴;

(4) 命令行输入坐标轴比例因子;

(5) 选择插入点。

2.6.3 在工具选项板中创建工具

如果AutoCAD选项板提供的工具不能满足需要时,可自己创建图块工具,将其放到工具选项板中便于使用。例如,将表面粗糙度放入【机械】选项卡中:

(1) 创建图块;

(2) 打开工具选项板,将对应的选项卡置为当前;

（3）选中要创建的对象；

（4）将该对象拖到工具选项板的相应位置。

此工具将长期保存在工具选项板中，作为一个图块工具可以在后期的图形绘制中将其插入编辑的文件中。

【例 2-3】 （1）新建选项卡【我的工具】；

（2）将表面粗糙度块放入【我的工具】。

具体步骤如下。

①在选项卡旁单击鼠标右键，在弹出的快捷菜单中单击【新建选项板】命令，并将新建选项卡命名为【我的工具】，如图 2-22 所示。

②在表面粗糙度符号旁单击鼠标右键，在快捷菜单中单击【复制】命令，如图 2-23 所示。

③在【我的工具】选项卡中单击鼠标右键，在弹出的快捷菜单中单击【粘贴】命令（见图 2-24），效果如图 2-25所示。

图 2-22　创建新的选项卡

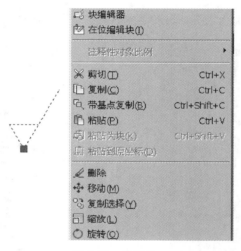

图 2-23　复制块

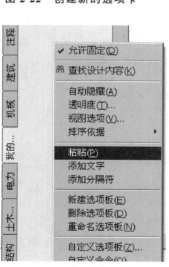

图 2-24　粘贴块到选项卡

图 2-25　【我的工具】——表面粗糙度

2.6.4　编辑工具选项板及其工具

1. 编辑工具选项板

对工具选项板的编辑包含创建工具选项板、重命名工具选项板、删除工具选项板及上/下移动工具选项板。编辑工具选项板常通过右键快捷菜单来实现。

对于置为当前的工具选项板和未置为当前的工具选项板，其快捷菜单会有所不同，如图 2-26 所示。

(a) 置为当前的工具选项板　　　　(b) 未置为当前的工具选项板

图 2-26　工具选项板的快捷菜单

1）创建工具选项板

用户需创建一个或多个工具选项板，便于后期使用。创建步骤如下：

（1）在工具选项板的选项卡上单击鼠标右键；

（2）在弹出的快捷菜单中单击【新建选项板】命令；

（3）在文本框中输入选项板名称并按回车键。

创建后，可以将所需的工具添加到工具选项板中，也可将其他工具选项板中的工具剪切或复制到新建的工具选项板中。

2）重命名工具选项板

单击某种工具选项卡使其置为当前的选项卡，在工具选项卡窗口空白区单击鼠标右键，在弹出的快捷菜单中单击【重命名选项板】，在文本框中输入新名称并按回车键。

3）删除工具选项板

对于一些不用的工具选项板，用户可以将其删除。删除步骤如下：

（1）在工具选项板的选项卡上单击鼠标右键；

（2）在弹出的快捷菜单中选择【删除选项板】命令，并确认删除。

但是这种删除很难恢复，应谨慎。

4）上／下移动工具选项板

为了方便使用工具选项板，快速找到自己常用的工具选项板，可移动工具选项板的位置：

（1）在工具选项板的选项卡上单击鼠标右键；

（2）在弹出的快捷菜单中单击【上移】或【下移】命令。

2. 编辑工具选项板中的工具

为了防止工具选项板的工具过多，影响后期使用，需要在工具选项板中删掉一些不需要的工具，或者对工具选项板中的工具重新命令，目的都是使命令工具更简明易懂，符合自己的习惯。

1）重命名工具选项板中的工具

鼠标右键单击要重命名的工具，在弹出的快捷菜单中单击【重命名】命令，输入新名称后按回车键。

2）删除工具选项板中的工具

在某种工具选项卡置为当前的选项卡时，光标移动到某种工具上，单击鼠标右键并在弹出的快捷菜单中选择【删除】命令后确定。

3）复制工具选项板中的工具

鼠标右键单击要复制的工具，在弹出的快捷菜单中选择【复制】命令，单击要添加到的选项卡，使其置为当前的选项卡，并单击鼠标右键，选择【粘贴】命令。

◀ 2.7 查 询 工 具 ▶

2.7.1 距离和面积

1. 计算距离

计算给定两点间的距离和角度，可以通过下列方式。

- 菜单：【工具】→【查询】→【距离】。
- 工具栏：单击【查询】工具栏中的 ▤ 按钮。
- 命令行：输入 distance 并按回车键。

命令提示如下。

```
指定第一点：                                        //单击屏幕上某点或者输入坐标
指定第二个点或［多个点(M)］：                         //单击另一点或输入坐标
距离＝634.8157，XY 平面中的倾角＝0，与 XY 平面的夹角＝0
X 增量＝634.8157，Y 增量＝0.0000，Z 增量＝0.0000
```

上面的结果说明，两点之间的距离是 634.8157 mm，XY 平面上投影与 Y 轴正方向的夹角为 0°，与 XY 平面的夹角为 0°，两点在 X 方向上的增量为 634.8157 mm，在 Y、Z 方向上的增量均为 0。

2. 计算面积

计算以若干个点为顶点的多边形区域或指定对象围成区域的面积，有以下三种方式可以执行。

- 菜单:【工具】→【查询】→【面积】。
- 命令行:输入 area 并按回车键。

> 输入选项 [距离(D)/半径(R)/角度(A)/面积(AR)/体积(V)] <距离>:　　　　　//输入 ar 后按回车键
> 指定第一个角点或 [对象(O)/增加面积(A)/减少面积(S)] <对象(O)>:
> 　　　　　　　　　　　　　　　　　　　　　　　　　//单击屏幕上某点或者输入坐标
> 指定下一个点或 [圆弧(A)/长度(L)/放弃(U)]:　　　　//单击屏幕上某点或者输入坐标
> 指定下一个点或 [圆弧(A)/长度(L)/放弃(U)]:　　　　//单击屏幕上某点或者输入坐标
> ……
> 指定下一个点或 [圆弧(A)/长度(L)/放弃(U)/总计(T)] <总计>:
> 面积=652517.6326,周长=4293.7613

它们分别是以输入点为顶点的多边形的面积与周长,如图 2-27 所示。

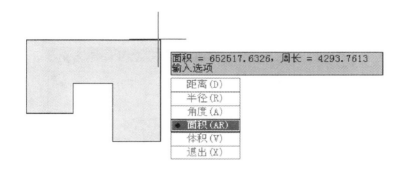

图 2-27　查询面积

【对象(O)】:当输入 o 并按回车键后,用户可以选择圆、椭圆、二维多段线、样条曲线等对象。对于非封闭多段线或样条曲线,选择对象后,软件会假设用一条直线使其首尾相连,然后求所围成封闭区域的面积,其长度就是多段线或样条曲线的实际长度。

【增加面积(A)】:输入 a 后进入加入模式,依次将计算出的新面积加到总面积中。执行该项后,会继续进行求面积操作。

> 面积=(计算出的面积),周长=(对应的周长)
> 总面积=计算出的总面积
> 指定第一个角点或 [对象(O)/增加面积(A)/减少面积(S)] <对象(O)>:a

【减少面积(S)】:输入 s 并按回车键后,进入扣除模式,即把新计算的面积从总面积中扣除。执行该选项后,将有如下提示。

> 指定第一个角点或 [对象(O)/增加面积(A)]:

此时,AutoCAD 则把由后续操作确定的新区域或指定对象的面积从总面积中扣除。

2.7.2　点的坐标显示及列表显示

1. 点的坐标显示

点的坐标要在屏幕中显示出来,需要通过以下三种方式。

- 菜单:【工具】→【查询】→【点坐标】。
- 工具栏:单击【查询】工具栏中的【定位点】按钮。

- 命令行:输入 id 并按回车键。

执行该命令后,系统会有如下提示。

指定点: X=1794.1042 Y=1612.6935 Z=0.0000   //单击一点

2. 列表显示

列表显示通过以下三种方式执行命令。

- 菜单:【工具】→【查询】→【列表】。
- 工具栏:单击【查询】工具栏中的 按钮。
- 命令行:输入 list 后按回车键。

操作过程如下。

命令:list
选择对象: //单击对象
……

执行结果:弹出文本窗,显示所选对象信息,如图 2-28 所示。

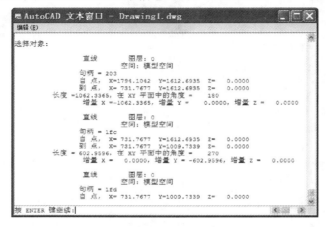

图 2-28　查询文本窗口

◀ 2.8　项　目　实　训 ▶

2.8.1　项目 1:绘制 A3 图框

按 1:1比例绘制 A3 图框,如图 2-29 所示。

操作步骤如下。

项目 1

(1)新建【粗实线】、【细实线】两个图层。其中粗实线线宽为 0.5 mm,细实线线宽为 0.25 mm。

(2)将当前图层置为【细实线】图层。

单击【绘图】工具栏上的【矩形】按钮 ▭,命令行提示如下。

命令:_rectang
指定第一个角点或 [倒角(C)/标高(E)/圆角(F)/厚度(T)/宽度(W)]:　　　//左键单击屏幕上一点
指定另一个角点或 [面积(A)/尺寸(D)/旋转(R)]:　　　　　　　　　//输入@420,297后按回车键

图 2-29　图框及标题栏

（3）将当前图层置为【粗实线】图层。

（4）单击【修改】工具栏的【偏移】按钮 ，命令行提示如下。

```
命令:_offset
当前设置:删除源=否　图层=源　OFFSETGAPTYPE=0
指定偏移距离或［通过(T)/删除(E)/图层(L)］<通过>:                          //输入 5
选择要偏移的对象,或［退出(E)/放弃(U)］<退出>:                          //单击矩形
指定要偏移的那一侧上的点,或［退出(E)/多个(M)/放弃(U)］<退出>:
                                              //单击矩形内,效果如图 2-30 所示
```

（5）单击【修改】工具栏中的【分解】按钮 ，命令行提示如下。

```
选择对象:                                  //鼠标单击内侧矩形后按回车键
```

（6）单击【修改】工具栏中的【偏移】按钮 ，完成效果如图 2-31 所示。

```
命令:_offset
当前设置:删除源=否　图层=源　OFFSETGAPTYPE=0
指定偏移距离或［通过(T)/删除(E)/图层(L)］<通过>:                       //输入 20 后按回车键
选择要偏移的对象,或［退出(E)/放弃(U)］<退出>:                       //单击内侧矩形左边线
指定要偏移的那一侧上的点,或［退出(E)/多个(M)/放弃(U)］<退出>:
                                         //单击内侧矩形左边线右侧后按回车键
```

图 2-30　A3 图幅

图 2-31　装订边

（7）单击【修改】工具栏中的【修剪】按钮 ，修剪多余边线。

（8）将当前图层置为【细实线】图层，单击直线命令，绘制如图 2-32 所示的图线 1 和图线 2。

（9）单击【修改】工具栏中的【偏移】按钮 ，将当前图层置为【细实线】图层，将直线 1 向下偏移，直线 2 向右侧偏移，如图 2-33 所示。

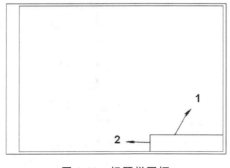
图 2-32　标题栏图框

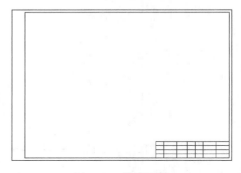
图 2-33　偏移图线

（10）单击【修改】工具栏中的【修剪】按钮 ，修剪多余边线，最后删除多余图线，如图 2-34（a）所示。

（11）单击图 2-32 中的图线 1 和图线 2，将其图层改为【粗实线】图层，显示线宽，效果如图 2-34（b）所示。

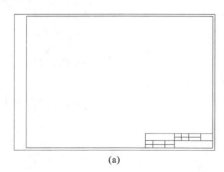
（a）

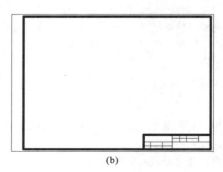
（b）

图 2-34　修剪后改变图线的图层，并显示线宽

2.8.2　项目 2：绘制平面图形

绘制如图 2-35 所示的二维图形，步骤如下。

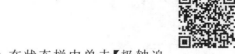
项目 2

（1）在状态栏中单击【极轴追踪】、【对象捕捉】、【对象捕捉追踪】按钮，打开极轴追踪、对象捕捉、对象捕捉追踪等功能。

（2）绘制水平点画线和垂直点画线，将其作为轴线，如图 2-36 所示。

（3）分别绘制半径为 15 mm 和 25 mm 的半圆，如图 2-37 所示。

（4）单击直线命令 ，以两轴线交点为捕捉点，向下捕捉 50 个单位；长追踪线出现时，从键盘

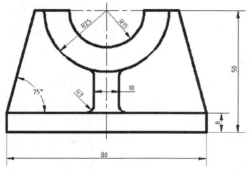
图 2-35　二维图形示例

输入 50 后按回车键。

（5）继续使用直线命令，追踪水平向左方向，输入 40（见图 2-38）后按回车键；追踪竖直向上方向，输入 8 后按回车键；追踪水平向右方向，输入 40 后按回车键，效果如图 2-39 所示。

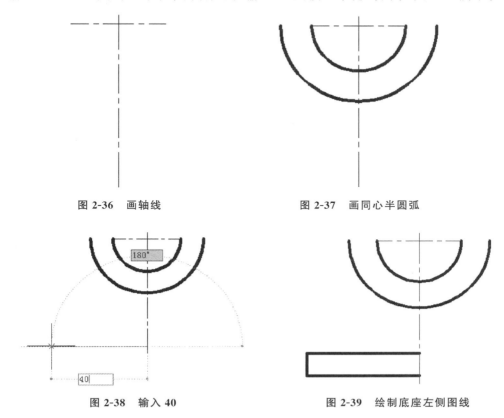

图 2-36　画轴线　　　　　　　　　　　　图 2-37　画同心半圆弧

图 2-38　输入 40　　　　　　　　　　　　图 2-39　绘制底座左侧图线

（6）单击直线命令 ✎，在状态栏中将极轴增量角设置为 15°，如图 2-40（a）所示。

在图 2-41（b）中，单击 A 点，沿 75°方向追踪线；将鼠标移动到 B 点，水平方向移动鼠标出现水平追踪线，且两追踪线相交。单击鼠标左键确定该点。移动鼠标，拾取到端点 C 后单击鼠标左键。

（7）单击镜像命令 ⚖，将左侧的多条直线镜像到右侧，效果如图 2-41 所示。

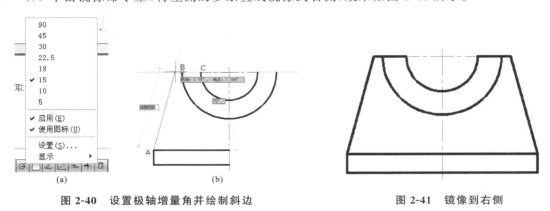

（a）　　　　　　　　（b）

图 2-40　设置极轴增量角并绘制斜边　　　　　　图 2-41　镜像到右侧

（8）绘制肋板直线。单击直线命令，由图 2-42 中的 A 点对象向左捕捉 5 得到 B 点，以 B 点为起点，向上追踪到交点，单击鼠标左键确定。同理，画出右侧肋板线。

（9）绘制圆角。单击圆角命令 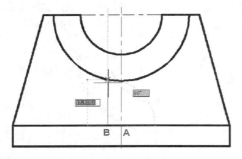，绘制肋板处圆角 R3，效果如图 2-43 所示。

图 2-42　绘制左侧肋板线

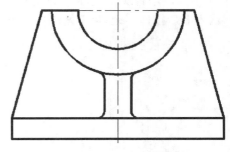

图 2-43　绘制肋板处圆角

习　　题

1. 绘制如图 2-44 所示的平面图形。
2. 绘制如图 2-45 所示的平面图形。

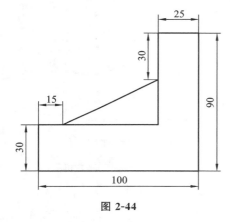

图 2-44

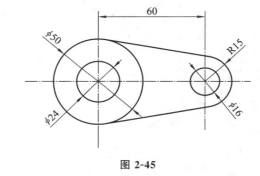

图 2-45

3. 绘制如图 2-46 所示的平面图形。
4. 绘制如图 2-47 所示的平面图形。

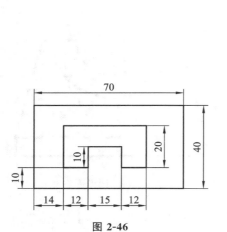

图 2-46

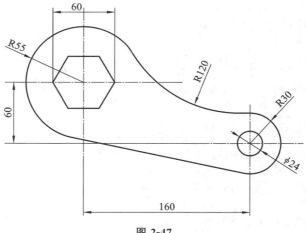

图 2-47

第 3 章

基本绘图操作

【章节提要】

本章介绍了【绘图】菜单内的基本绘图命令,将图形绘制分为点、线、圆、圆弧、多边形、块、图案填充、表格等类型,以案例形式介绍了常用绘图命令的使用方法。

【学习目标】

- 掌握点、线的绘制方法;
- 掌握圆、圆弧、多边形的绘制方法;
- 掌握图案填充和面域的创建方法;
- 掌握文字、表格的创建方法;
- 掌握块的创建方法。

二维图形都可以分解成简单的点、线、面等基本图形,用 AutoCAD 中的绘图命令,可以画出各类简单的二维图形,比如点、线、圆、圆弧、圆环、多边形等。从命令调用方法上,主要有以下三种。

1. 使用【绘图】菜单

【绘图】菜单包括了二维图形的所有命令,也是绘图最基本的途径,如图 3-1 所示。用户通过鼠标左键单击菜单中的命令或子命令,可以绘出二维图形。

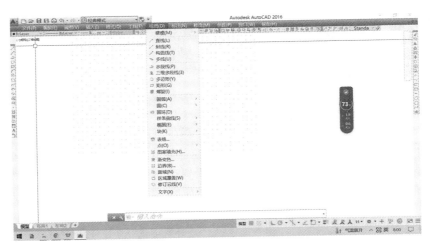

图 3-1 【绘图】菜单

2. 使用【绘图】工具栏

【绘图】工具栏是各种常用绘图命令的快捷方式的集合,通常位于屏幕左侧,也可以被拖到屏幕的其他任何位置。图 3-2 所示为【绘图】工具栏。

图 3-2 【绘图】工具栏

3. 使用命令行

每种命令都可以在屏幕下侧的命令行中输入，如图 3-3 所示。例如，直线的命令是 line，在命令行中输入 line 或其缩写 l(大小写均可)，按回车键，就可以根据提示信息绘制直线。因此可记住一些快捷键，使用键盘结合鼠标的方式进行快速绘图。

图 3-3 命令行

◀ 3.1 绘 制 点 ▶

点是最简单的几何元素，在视图绘制中一般用于做标记。AutoCAD 2016 提供了多种点的绘制方法，如单点、多点、定数等分、定距等分等，可以根据绘图需求进行选择。

3.1.1 绘制单点和多点

为了方便查看点的位置，在绘制点之前应该对点定义一种样式。单击菜单【格式】→【点样式】，弹出【点样式】对话框(见图 3-4)，选择一种样式使用。

单点命令：可以通过工具栏上的按钮或者菜单【绘图】→【点】→【单点】来实现，或者在命令行中输入 point 或者 po 后按回车键。

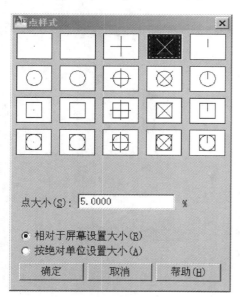

图 3-4 【点样式】对话框

多点命令：菜单【绘图】→【点】→【多点】。

命令：_point
当前点模式：PDMODE=0 PDSIZE=0.0000
　　　　　　　　//表示当前的点模式和大小

3.1.2 定数等分

当需要在图形上找到定数等分点来标记时，可调用点的【定数等分】命令，比如将长度为 100 mm 的直线 4 等分，设置点的样式后，单击菜单【绘图】→【点】→【定数等分】，如图 3-5 所示。

命令：_divide
选择要定数等分的对象：　　//选择直线
输入线段数目或[块(B)]：　　//输入 4，按回车键
绘制效果如图 3-6 所示。

图 3-5 【点】→【定数等分】

图 3-6 直线 4 等分

3.1.3 定距等分

定距等分就是按指定距离,在指定的对象上分段标记。如果在指定对象上不能被预定长度整除,最后一段为剩余的长度。例如,在长度为 300 mm 的直线上以 70 mm 为距离,在该直线上做出定距等分点,效果如图 3-7 所示。

图 3-7 直线定距等分

◀ 3.2 绘 制 线 ▶

在 AutoCAD 2016 中,用工具栏中的命令按钮和菜单命令可以绘制各种线,如直线、射线、构造线、多线、多段线、样条曲线等。

3.2.1 绘制直线

直线是各种绘图命令中最常用的一种命令,通过指定起点和终点就可以完成绘制。

执行方法如下。

- 菜单:【绘图】→【直线】。
- 工具栏:单击【绘图】工具栏上的直线按钮。
- 命令行:输入 line 或 l,按回车键。

执行命令中,可以画单条直线和连续直线。做连续直线时,前一直线终点是下一直线起点,可以做封闭图形,也可以不封闭。命令行提示如下。

```
命令:_line
指定第一点:                                    //在屏幕上用左键单击指定一个点
指定下一点或[放弃(U)]:            //在屏幕上拾取另一个点做终点;如输入 U,则取消该点
指定下一点或[放弃(U)]:                          //再拾取一点,完成第二条直线
指定下一点或[闭合(C)/放弃(U)]:                  //输入 c 后按回车键,封闭当前图形
```

3.2.2 绘制射线

射线就是一端固定,另一端可以无限延伸的直线。可以通过【射线】命令利用定点向单方向无限延伸。射线主要作为辅助线。

菜单:【绘图】→【射线】。

命令行:输入 ray,按回车键。

```
命令:_ray 指定起点:
指定通过点:
指定通过点:                                //连续移动鼠标单击,可以画多条射线
```

按回车键可结束射线绘制。

3.2.3 绘制构造线

构造线可以画双向无限延伸的直线,作为辅助线。特别是绘制三视图时,要保证视图间的三等关系,可以画出多条构造线。执行方法如下。

- 菜单:【绘图】→【构造线】。
- 工具栏:单击 ［／／／⌐○⬠▭⌐○⊘⊗Ⅳ○⌒⬚⬚·Ⅱ⬚⊙⊞A⬚］ 中的 ／ 按钮。
- 命令行:输入 xline 或 xl,按回车键。

构造线不管是哪个方向,一般用两点法,指定两点来定义。

执行命令后,命令行提示如下。

```
命令:_xline 指定点或[水平(H)/垂直(V)/角度(A)/二等分(B)/偏移(O)]:
```

【水平(H)】:输入 H,绘制水平线,与 X 轴平行。

【垂直(V)】:输入 V,绘制垂直线,与 Y 轴平行。

【角度(A)】:输入 A,选取构造线角度。

```
输入构造线的角度(0)或[参照(R)]:                      //直接输入角度并回车
指定通过点:
```

【二等分(B)】:输入 B,选择绘制角平分线。

```
指定角的顶点:
指定角的起点:
指定角的端点:
```

【偏移(O)】:用于绘制平行于指定线的距离为指定距离的构造线。

首先要指定偏移距离,选择基线,指明构造线位于基线的那一侧。

```
指定偏移距离或[通过(T)]< 5.0000> :50                    //输入偏移距离
选择直线对象:                                  //选定要偏移的直线
指定向哪侧偏移:                        //选择所要偏移直线的两侧中的一侧
选择直线对象:                              //选择直线或回车结束命令
```

用射线和构造线绘制三视图的步骤如下。

(1) 单击【绘图】工具栏中的构造线按钮 ⟋，命令行提示如下：

命令：_xline 指定点或［水平(H)/垂直(V)/角度(A)/二等分(B)/偏移(O)]：

指定通过点：

(2) 单击屏幕上的 A 点(见图 3-8)。

(3) 在 A 点处的水平方向单击鼠标左键，做出水平构造线。

(4) 在 A 点处的垂直方向单击鼠标左键，做出垂直构造线。

(5) 单击菜单【绘图】→【射线】。

(6) 单击选择 A 点，在状态栏中单击 ⓧ，再单击鼠标右键，在弹出的快捷菜单中单击 45°。

(7) 在 315°极轴方向，单击左键，绘制出射线(即−45°辅助线)，如图 3-8 所示。

(8) 根据两个视图绘制第三视图，如图 3-9 所示。

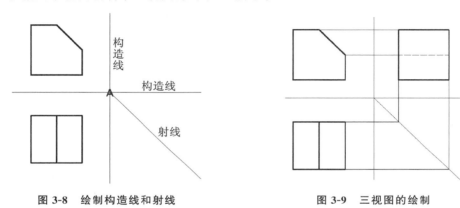

图 3-8　绘制构造线和射线　　　　　　　　图 3-9　三视图的绘制

3.2.4　绘制多线

多线由 1～16 条平行线组合在一起，在绘制多线前应该对多线样式进行定义，然后用该样式进行绘制。用户可以自己创建多种多线样式，并定义多线的颜色和线型，以及显示或隐藏多线的接头。接头就是出现在多线元素每个顶点处的线条。

1. 创建多线样式

单击【格式】→【多线样式】，系统弹出【多线样式】对话框，如图 3-10 所示。当前使用的多线样式是 STANDARD，即双线。单击【新建】按钮可重新定义多线样式，可设定各线的偏移量、颜色和线型等。

在图 3-10 中，单击【新建】按钮，弹出【创建新的多线样式】对话框，如图 3-11 所示。

单击【继续】按钮，弹出【新建多线样式】对话框，如图 3-12 所示。

【封口】【填充】【显示连接】选项：选择多线封口形式、填充和显示连接。

【图元】选项：单击【添加】按钮，在元素栏中增加一个元素。

【偏移】：设置偏移量，默认为 0.5，系统默认的比例为 20，实际偏移距离为 10 mm。

【颜色】【线型】：可分别设置元素的颜色和线型。

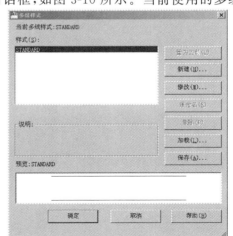

图 3-10　【多线样式】对话框

图 3-11 【创建新的多线样式】对话框

图 3-12 【新建多线样式：三线】对话框

2. 多线命令

（1）菜单：【绘图】→【多线】。

（2）命令行：输入 mline，按回车键。

```
命令：_mline
当前设置：对正＝上，比例＝20.00，样式＝STANDARD          //当前多线的设置和样式
指定起点或［对正（J）/比例（S）/样式（ST）］：
```

【对正（J）】：用于控制从左向右绘制多线时起点的位置。

【比例（S）】：确定所绘多线相对于定义的多线比例。

【样式（ST）】：输入 ST 后，弹出【多线样式】对话框。

3. 修改多线

用多线绘制的图线，需要用编辑多线命令修改。编辑多线命令有如下两种。

（1）菜单：【修改】→【对象】→【多线】。

（2）命令行：输入 mledit，按回车键。

执行编辑多线命令，会弹出【多线编辑工具】对话框，如图 3-13 所示。有【十字闭合】、【十字打开】和【十字合并】等 12 种编辑命令，它们的图标形象地反映了它们各自的功能。

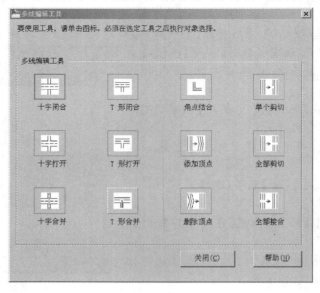

图 3-13 【多线编辑工具】对话框

【例 3-1】　(1) 绘制一个 100 mm×80 mm 的矩形。

(2) 在矩形中心线绘制两条相交多线,多线类型为三线,且多线的每两元素间的距离为 10,两相交多线在中间断开。

操作步骤如下。

①单击菜单【绘图】→【多线】。

②改变多线样式:在命令行中输入 ST 或 st 后按回车键,输入"三线"。

③改变对正样式:在命令行中输入 J 或 j 后按回车键,输入"z"。

> 命令:_mline
> 当前设置:对正=无,比例=20.00,样式=三线
> 指定起点或[对正(J)/比例(S)/样式(ST)]: st
> 输入多线样式名或[?]: 三线
> 当前设置:对正=无,比例=20.00,样式=三线
> 指定起点或[对正(J)/比例(S)/样式(ST)]: j
> 输入对正类型[上(T)/无(Z)/下(B)]<上>: z
> 当前设置:对正=无,比例=20.00,样式=三线
> 指定起点或[对正(J)/比例(S)/样式(ST)]:
> 指定下一点:
> 指定下一点或[放弃(U)]:

绘制结果如图 3-14 所示。

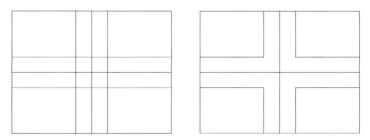

图 3-14　多线的绘制和编辑

④单击菜单【修改】→【对象】→【多线】,单击【十字合并】。

3.2.5　绘制多段线

1. 多段线绘制

多段线是由直线、圆弧组合在一起,并可以设置不同段图线宽度的组合线段,应用非常广泛。执行方法如下。

● 菜单:【绘图】→【多段线】。

● 工具栏:单击【绘图】工具栏上的【多段线】按钮。

● 命令行:输入 pline 或 pl,按回车键。

执行命令后,命令行提示如下。

> 指定起点:　　　　　　　　　　　　　　　　　　　　　　　　　//左键单击屏幕
> 当前线宽为 0.0000
> 指定下一个点或[圆弧(A)/半宽(H)/长度(L)/放弃(U)/宽度(W)]:

【圆弧（A）】：系统默认输入直线段，输入 A 或 a 后将从绘制直线方式切换到绘制圆弧方式。

【半宽（H）】或【宽度（W）】：设置多段线的半宽或宽度。

【长度（L）】：指定绘制线段的长度。

【放弃（U）】：放弃多段线中上段线或圆弧，方便修改。

多段线是否填充，受"fill"命令的控制，输入 off，可以使填充状态处于关闭状态。

2. 应用实例

【例 3-2】 （1）绘制一个 150 单位长的水平线，并将线等分为四等份。

（2）绘制多段线，其中线宽在 B、C 两点处最宽，宽度为 10，A、D 两点处宽度为 0。完成后的图形如图 3-15 所示。

操作步骤如下。

①单击直线命令，画 150 单位长的水平线；单击【格式】→【点样式】，选择 ▨ ，如图 3-16（a）所示。

②单击【绘图】→【点】→【定数等分】；选择直线，输入线段数目 4，如图 3-16（b）所示。

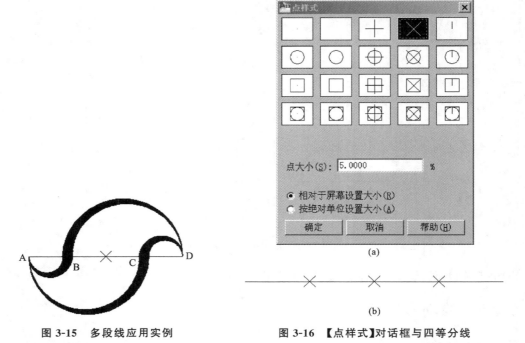

（a）

（b）

图 3-15 多段线应用实例　　　　　　图 3-16 【点样式】对话框与四等分线

③单击多段线 ⤴ 按钮，命令行提示如下。

```
命令：_pline
指定起点：                                              //单击图 3-15 中的 A 点
当前线宽为 0.0000
指定下一个点或 [圆弧(A)/半宽(H)/长度(L)/放弃(U)/宽度(W)]:a           //选择圆弧
指定圆弧的端点或
[角度(A)/圆心(CE)/方向(D)/半宽(H)/直线(L)/半径(R)/第二个点(S)/放弃(U)/宽度(W)]:w
                                                        //选择线宽
指定起点宽度 <0.0000>:
指定端点宽度 <0.0000>:10
```

指定圆弧的端点或

[角度(A)/圆心(CE)/方向(D)/半宽(H)/直线(L)/半径(R)/第二个点(S)/放弃(U)/宽度(W)]:d
              //指定圆弧的切线方向

  指定圆弧的起点切向: //向下移动鼠标,并单击左键

  指定圆弧的端点: //单击 B 点

  指定圆弧的端点或

[角度(A)/圆心(CE)/闭合(CL)/方向(D)/半宽(H)/直线(L)/半径(R)/第二个点(S)/放弃(U)/宽度(W)]:w
              //选择定义线宽

  指定起点宽度 <10.0000> :

  指定端点宽度 <10.0000> :0

  指定圆弧的端点或

[角度(A)/圆心(CE)/闭合(CL)/方向(D)/半宽(H)/直线(L)/半径(R)/第二个点(S)/放弃(U)/宽度(W)]:

  指定圆弧的端点或

[角度(A)/圆心(CE)/闭合(CL)/方向(D)/半宽(H)/直线(L)/半径(R)/第二个点(S)/放弃(U)/宽度(W)]:w

  指定起点宽度 <0.0000> :

  指定端点宽度 <0.0000> :10

  指定圆弧的端点或

[角度(A)/圆心(CE)/闭合(CL)/方向(D)/半宽(H)/直线(L)/半径(R)/第二个点(S)/放弃(U)/宽度(W)]:d
              //向上移动鼠标,并单击左键

  指定圆弧的起点切向:

  指定圆弧的端点:

  指定圆弧的端点或

[角度(A)/圆心(CE)/闭合(CL)/方向(D)/半宽(H)/直线(L)/半径(R)/第二个点(S)/放弃(U)/宽度(W)]:w

  指定起点宽度 <10.0000> :

  指定端点宽度 <10.0000> :0

  指定圆弧的端点或

[角度(A)/圆心(CE)/闭合(CL)/方向(D)/半宽(H)/直线(L)/半径(R)/第二个点(S)/放弃(U)/宽度(W)]:

  指定圆弧的端点或

[角度(A)/圆心(CE)/闭合(CL)/方向(D)/半宽(H)/直线(L)/半径(R)/第二个点(S)/放弃(U)/宽度(W)]:

3.2.6 绘制样条曲线

样条曲线是在各控制点间生成的一条光滑曲线,用于画一些形状不规则的曲线,如波浪线、相贯线等。

样条曲线需要用户给定 3 个以上的点,而要让样条曲线有更多波浪,则要给定更多的点。

绘制样条曲线的方法如下。

- 菜单:【绘图】→【样条曲线】。
- 工具栏:单击【绘图】工具栏上的【样条曲线】按钮。
- 命令行:输入 spline 并按回车键。

执行命令后,命令行提示如下。

```
命令: _spline
当前设置: 方式=拟合    节点=弦
指定第一个点或 [方式(M)/节点(K)/对象(O)]:
输入下一个点或 [起点切向(T)/公差(L)]:
输入下一个点或 [端点相切(T)/公差(L)/放弃(U)]:
```

【输入下一点】:默认时继续确定数据点,按回车键提示用户指定起点切向,输入 u 后按回车键,将取消上一点。

【方式(M)】:拟合和控制点两种方式。

【公差(L)】:控制样条曲线对数据点的接近程度,拟合公差只对当前图元有效。公差越小,样条曲线就越接近数据点,如果为 0,样条曲线将精确通过数据点。

如图 3-17 所示为由 A、B、C、D 四点绘制样条曲线。

图 3-17　绘制样条曲线

```
命令: SPLINE
当前设置: 方式=拟合    节点=弦
指定第一个点或 [方式(M)/节点(K)/对象(O)]:50,75           //即点 A
输入下一个点或 [起点切向(T)/公差(L)]: 110,65              //即点 B
输入下一个点或 [起点切向(T)/公差(L)]:165,55              //即点 C
输入下一个点或 [端点相切(T)/公差(L)/放弃(U)]:210,65      //即点 D
指定端点切向:                          //该提示下拾取一点定义切向,直接回车
```

3.2.7　螺旋

螺旋可以创建二维螺旋线或三维弹簧。执行方法如下。

- 菜单:【绘图】→【螺旋】。
- 工具栏:单击【绘图】工具栏中的■按钮。
- 命令行:输入 HELIX 并按回车键。

绘制一个顶面半径为 20、底面半径为 100、高为 100 的螺旋,如图 3-18 所示。

图 3-18　螺旋的绘制

先将视图置于三维视图环境,单击菜单【视图】→【西南等轴测】。

```
命令:_Helix
圈数=3.0000  扭曲=CCW
指定底面的中心点:                              //单击屏幕上任意一点或者输入某点坐标
指定底面半径或[直径(D)]<243.2798>:
                //100 指定底面半径,输入 d 指定直径或按回车键指定默认的底面半径值
指定顶面半径或[直径(D)]<100.0000>:
                //20 指定顶面半径,输入 d 指定直径或按回车键指定默认的顶面半径值
指定螺旋高度或[轴端点(A)/圈数(T)/圈高(H)/扭曲(W)]<1.0000>:100
                //输入高度值或者输入选项中的 A,T,H,W 以更改选项的默认值
```

注意:在输入顶面和底面半径后,鼠标上下滑动,可以画出两种不同的螺旋。

参数说明如下。

【轴端点(A)】:指定螺旋轴的端点位置。轴端点可以位于三维空间的任意位置。轴端点定义了螺旋的长度和方向。

【圈数(T)】:指定螺旋的圈(旋转)数。螺旋的圈数不能超过 500。最初默认圈数为 3。绘制图形时,圈数的默认值始终是先前输入的圈数值。

【圈高(H)】:指定螺旋内一个完整圈的高度。当指定圈高值时,螺旋中的圈数将相应地创建扁平的二维螺旋。

【扭曲(W)】:指定以顺时针(CW)方向还是逆时针(CCW)方向绘制螺旋。螺旋扭曲的默认值是逆时针。输入螺旋的扭曲方向[顺时针(CW)/逆时针(CCW)]<逆时针>:指定螺旋的扭曲方向。

注意:绘制螺旋线时,最初默认底面半径设置为 1。绘制图形时,底面半径的默认值始终是先前输入的任意实体图元或螺旋的底面半径值。顶面半径的默认值始终是底面半径的值。如果底面半径和顶面半径不一致,则绘制锥形螺旋。底面半径和顶面半径不能都设置为 0。

3.2.8　修订云线

修订云线是由连续圆弧组成的多段线,用于在检查阶段提醒用户注意图形的某个部分。在检查或用红线圈阅图形时,可以使用修订云线功能亮显标记以提高工作效率。

执行方法如下。

• 菜单:【绘图】→【修订云线】。
• 工具栏:单击【绘图】工具栏上的 按钮。
• 命令行:输入 revcloud 并按回车键。

执行命令后,命令行提示如下。

```
命令:_revcloud
最小弧长:15 最大弧长:15 样式:普通
指定起点或[弧长(A)/对象(O)/样式(S)]<对象>:
沿云线路径引导十字光标…
反转方向[是(Y)/否(N)]<否>:n
修订云线完成。
```

参数说明如下。

【弧长(A)】:指定云线中弧线的长度,其中有最小弧长和最大弧长之分。

【对象(O)】:将一个对象转换为云线。其中要转换的对象的长度应该大于或等于指定的弧长,否则就无法转换。

【样式(S)】:确定云线的样式,通过选择圆弧样式[普通(N)/手绘(C)]来实现。

如图 3-19 所示可以表现普通修订云线和手绘修订云线的区别。

3.2.9 徒手画线

可以创建一系列徒手画线段。执行方法如下。

命令行:输入 sketch,按回车键。

执行命令后,命令行提示如下。

```
命令:sketch
记录增量<1.0000> :
徒手画. 画笔(P)/退出(X)/结束(Q)/记录(R)/删除(E)/连接(C)。
```

参数说明如下。

【记录增量】:定义直线段的长度。定点设备移动的距离必须大于记录增量,才能生成线段。

【画笔(P)】:提笔和落笔。在用定点设备选取菜单项前必须提笔。

【退出(X)】:记录及报告临时徒手画线段数并结束命令。

【结束(Q)】:放弃从开始调用 SKETCH 命令或上一次使用"记录"选项时所有徒手画的临时线段,并结束命令。

【记录(R)】:永久记录临时线段且不改变画笔的位置。

【删除(E)】:删除临时线段的所有部分,如果画笔已落下则提起画笔。

【连接(C)】:落笔,继续从上次所画的线段的端点或上次删除的线段的端点开始画线。

图 3-20 所示是使用徒手画线命令绘制的图形。

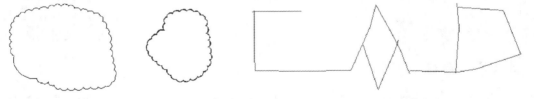

图 3-19　普通修订云线和手绘修订云线的区别　　　　　图 3-20　徒手画线

◀ 3.3　绘制圆、圆弧 ▶

圆和圆弧是作图过程中经常遇到的两种基本对象,AutoCAD提供了多种方法,可以方便地绘制圆、圆弧、椭圆、椭圆弧等。

3.3.1 绘制圆

AutoCAD 2016 提供了多种画圆方式,根据不同需要可以选择不同方法。执行方法如下。

- 菜单:【绘图】→【圆】。
- 工具栏:单击【圆】按钮。
- 命令行:输入 circle 或 c,按回车键。

1. 圆心法

圆心法是AutoCAD默认的方法,用这种方法绘图,命令行提示如下。

命令:_circle 指定圆的圆心或[三点(3P)/两点(2P)/切点、切点、半径(T)]:
　　　　　　　　//用左键点选指定圆心的位置,屏幕会显示圆,光标移动,圆的尺寸会变化
指定圆的半径或[直径(D)]<100.0000>:50
　　　　　　　　//直接输入半径 50 并按回车键得到圆,如图 3-21(a)所示
输入 d 后按回车键,输入直径 100,并按回车键后得到圆,如图 3-21(b)所示。

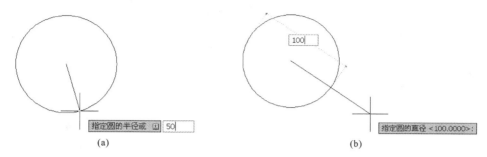

(a)　　　　　　　　　　　　　　　　(b)

图 3-21　圆心法绘制圆

2. 两点法

已知两点成一条线可构成圆的直径,唯一确定圆,单击圆的命令后,命令行提示如下。

命令:_circle 指定圆的圆心或[三点(3P)/两点(2P)/切点、切点、半径(T)]:2p
指定圆直径的第一个端点:　　　　　　　　　　　　　　　　//圆直径第一个端点
指定圆直径的第二个端点:　　　//圆直径第二个端点,图示中标记的直径的端点为拾取的两点
完成后的效果如图 3-22(a)所示。

3. 三点法

不在一条直线上的三点可确定一个圆,用三点法绘制圆周上三个点来确定圆。
单击圆绘制命令后,命令行提示如下。

命令:_circle 指定圆的圆心或[三点(3P)/两点(2P)/切点、切点、半径(T)]:3p
指定圆上的第一个点:
指定圆上的第二个点:
指定圆上的第三个点:

图 3-22(b)中标记的三点为单击点的位置,完成后的效果如图 3-22(b)所示。

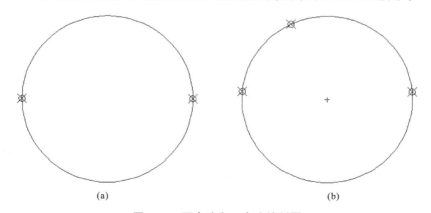

(a)　　　　　　　　　　　　　　　　(b)

图 3-22　两点法和三点法绘制圆

4. 相切、相切、半径

用这种方法可绘制半径已知的圆,相切的对象可以是直线,也可以是圆。

单击圆绘制命令后,命令行提示如下。

命令:_circle 指定圆的圆心或[三点(3P)/两点(2P)/切点、切点、半径(T)]:t

指定对象与圆的第一个切点:　　　　　//移动鼠标到直线上,出现拾取切点符号⊙...,单击鼠标左键

指定对象与圆的第二个切点:　　　　　　　　　　　　　　　　　　　　//同上

指定圆的半径:　//输入半径,如图 3-23(a)所示;如果半径过小,系统会提示圆不存在,并退出绘制命令

拾取对象时,所拾取的位置不同,有可能得到的结果也不同。

5.相切、相切、相切

用此方法绘制圆时,要确定与圆相切的三个对象,执行方法如下。

菜单:【绘图】→【圆】→【相切、相切、相切】。

命令:_circle 指定圆的圆心或[三点(3P)/两点(2P)/切点、切点、半径(T)]:_3p 指定圆上的第一
个点:_tan 到　　　　　　　　　//移动鼠标到直线 1 上出现符号⊙...,单击鼠标左键

指定圆上的第二个点:_tan 到　　　　　//移动鼠标到直线 2 上出现符号⊙...,单击鼠标左键

指定圆上的第三个点:_tan 到　　　　　//移动鼠标到直线 3 上出现符号⊙...,单击鼠标左键

完成后的效果如图 3-23(b)所示。

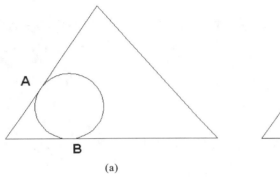
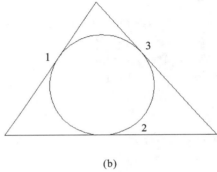

(a)　　　　　　　　　　　　　　　　　(b)

图 3-23　相切、相切、半径和相切、相切、相切绘制圆

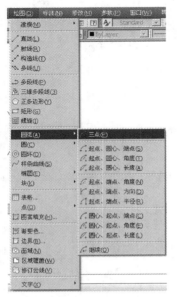

图 3-24　绘制圆弧的 11 种方法

3.3.2　绘制圆弧

AutoCAD 2016 提供了 11 种绘制圆弧的方法,如图 3-24 所示。用户可根据不同情况来选择不同方式,默认方法是三点和起点、圆心、端点。执行方法如下。

- 菜单:【绘图】→【圆弧】。
- 命令行:输入 arc,按回车键。

1. 三点

三点绘制圆弧:用户输入圆弧的起点、第二点和终点。圆弧的方向以起点、终点的方向确定,按顺时针或逆时针都可以。

用【三点】命令绘制圆弧的具体操作步骤如下。

命令:_arc 指定圆弧的起点或[圆心(C)]:

　　　　　　　　　　//确定圆弧的起点 A(见图 3-25)

指定圆弧的第二个点或[圆心(C)/端点(E)]:

　　　　　　　　　　//确定圆弧的第二个点 B

指点圆弧的端点:　　　　　//确定圆弧的端点 C

在命令行的提示下,输入该点的坐标后按回车键,或者用鼠标左键单击拾取点都可以,如图 3-25 所示。

2. 起点、圆心、端点

已知圆弧的起点、圆心、端点来画圆,可选择【起点、圆心、端点】命令绘制圆弧,其具体步骤如下。

命令:_arc 指定圆弧的起点或[圆心(C)]:   //确定圆弧起点 A
指定圆弧的第二个点或[圆心(C)/端点(E)]:_c 指定圆弧的圆心: //指定圆心 B
指定圆弧的端点或[角度(A)/弦长(L)]:   //确定圆弧的端点 C

如图 3-26 所示,给出圆弧的起点和圆心后,圆弧半径就可以确定,端点决定了圆弧的长度。

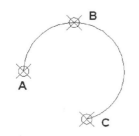

图 3-25　【三点】绘制圆弧

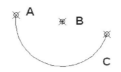

图 3-26　【起点、圆心、端点】绘制圆弧

3. 起点、圆心、角度

使用【起点、圆心、角度】命令绘制圆弧时,在命令行的"指定包含角"提示下所输入角度值的正负将影响到圆弧的绘制方向。

如果当前环境设置逆时针为角度方向,若输入正的角度值,则所绘制的圆弧是从起点画圆,沿逆时针方向绘出;若输入负的角度值,则以顺时针方向绘制圆弧。

命令:_arc 指定圆弧的起点或[圆心(C)]:
　　　　　　　　　　　//左键单击 A 点(见图 3-27)
指定圆弧的第二个点或[圆心(C)/端点(E)]:
_c 指定圆弧的圆心:　　　　　　　//单击 B 点
指定圆弧的端点或[角度(A)/弦长(L)]:
_a 指定包含角:135

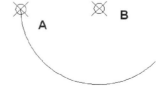

图 3-27　【起点、圆心、角度】绘制圆弧

4. 起点、圆心、长度

通过指定圆弧的起点、圆心和弦长来绘制圆弧,默认绘图方向是逆时针方向。

命令:_arc 指定圆弧的起点或[圆心(C)]:
指定圆弧的第二个点或[圆心(C)/端点(E)]:
_c 指定圆弧的圆心:
指定圆弧的端点或[角度(A)/弦长(L)]:_l 指定弦长:

5. 起点、端点、角度

通过指定圆弧的起点、端点和角度来绘制圆弧。

命令:_arc 指定圆弧的起点或[圆心(C)]:   //单击鼠标左键确定起点
指定圆弧的第二个点或[圆心(C)/端点(E)]:_e
指定圆弧的端点: //单击鼠标左键确定端点
指定圆弧的圆心或[角度(A)/方向(D)/半径(R)]:_a 指定包含角:100

6. 起点、端点、方向

通过指定圆弧的起点、端点和方向绘制圆弧,如图 3-28 所示。

> 命令:_arc 指定圆弧的起点或 [圆心 (C)]:
>
> 指定圆弧的第二个点或 [圆心 (C)/端点 (E)]:_e
>
> 指定圆弧的端点:
>
> 指定圆弧的圆心或 [角度 (A)/方向 (D)/半径 (R)]:_d 指定圆弧的起点切向:

可以通过拖动鼠标的方式动态确定在起始点处的切线与水平方向的夹角。

7. 起点、端点、半径

通过指定圆弧的起点、端点和半径绘制圆弧,如图 3-29 所示。

图 3-28 【起点、端点、方向】绘制圆弧

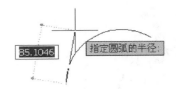

图 3-29 【起点、端点、半径】绘制圆弧

> 命令:_arc 指定圆弧的起点或 [圆心 (C)]:
>
> 指定圆弧的第二个点或 [圆心 (C)/端点 (E)]:_e
>
> 指定圆弧的端点:
>
> 指定圆弧的圆心或 [角度 (A)/方向 (D)/半径 (R)]:_r 指定圆弧的半径:90

8. 圆心、起点、端点

通过指定圆弧的圆心、起点和端点绘制圆弧。

> 命令:_arc 指定圆弧的起点或 [圆心 (C)]:_c 指定圆弧的圆心:
>
> 指定圆弧的起点:
>
> 指定圆弧的端点或 [角度 (A)/弦长 (L)]:

9. 圆心、起点、角度

通过指定圆弧的圆心、起点和角度来绘制圆弧。

> 命令:_arc 指定圆弧的起点或 [圆心 (C)]:_c 指定圆弧的圆心:
>
> 指定圆弧的起点:
>
> 指定圆弧的端点或 [角度 (A)/弦长 (L)]:_a 指定包含角:

10. 圆心、起点、长度

通过指定圆弧的圆心、起点和长度 (弦长) 来绘制圆弧。

> 命令:_arc 指定圆弧的起点或 [圆心 (C)]:_c 指定圆弧的圆心:
>
> 指定圆弧的起点:
>
> 指定圆弧的端点或 [角度 (A)/弦长 (L)]:_l 指定弦长:

11. 继续

当执行圆弧命令时,在命令行的"指定圆弧的起点或 [圆心 (C)]"提示下直接按回车键,可以以最后一次绘制线段或圆弧的过程中确定的最后一点作为新圆弧的起点,以最后所绘制线段方向或圆弧终止点处的切线方向为新圆弧在起始点处的切线方向,然后再指定一点,就可以绘制出一个圆弧。

> 命令:_arc 指定圆弧的起点或 [圆心 (C)]:
>
> 指定圆弧的端点:

提示：

（1）有些圆弧确实不适合用 arc 命令来绘制，而适合用 circle 命令结合 trim 命令生成；

（2）AutoCAD 采用逆时针绘制圆弧。

应用实例如图 3-30 所示。

操作步骤如下。

①单击【直线】命令，绘制图形的定位轴线；

②单击【圆】命令，绘制定位圆 φ60 和小圆 φ20；

③执行【圆弧】的【圆心、起点、端点】命令，先点选圆心，再输入起点和终点后按回车键。

3.3.3 绘制椭圆和椭圆弧

1. 绘制椭圆

AutoCAD 提供了三种绘制椭圆的方法，如图 3-31 所示。

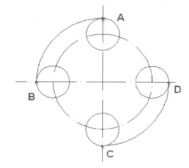

图 3-30 圆弧示例 　　　　　图 3-31 椭圆的三种绘图方法

- 菜单：【绘图】→【椭圆】。
- 工具栏：在【绘图】工具栏中单击 ⬭ 按钮。
- 命令：输入 ellipse，按回车键。

1）圆心方式

圆心方式是通过指定圆心、轴端点和半轴长度来绘制椭圆的，顺序为：先确定椭圆中心、轴的端点，再输入另一半轴距（或输入 r 后再输入旋转角）。

> 命令:_ellipse
> 指定椭圆的轴端点或 [圆弧(A)/中心点(C)]:c
> 指定椭圆的中心点: 　　　　　　　　　　　　　　//左键单击屏幕,指定一点
> 指定轴的端点: 　　　　　　　　　　　　　　　　//通过动态窗口输入 30
> 指定另一条半轴长度或 [旋转(R)]: 　　　　　　　//通过动态窗口输入 10

使用圆心方式绘制椭圆的过程如图 3-32 所示。

图 3-32 使用圆心方式绘制椭圆的过程

2）轴、端点方式

通过指定轴端点和半轴长度来绘制椭圆，如图 3-33 所示。

```
命令:_ellipse
指定椭圆的轴端点或 [圆弧(A)/中心点(C)]:        //单击图 3-33 中的 A 点
指定轴的另一个端点:                            //单击 B 点
指定另一条半轴长度或 [旋转(R)]:200
```

3）圆弧方式

通过指定椭圆的轴端点和起始角来绘制椭圆，如图 3-34 所示。

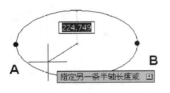  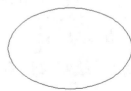

图 3-33　轴、端点方式绘制椭圆　　　　图 3-34　圆弧方式绘制椭圆

```
命令:_ellipse
指定椭圆的轴端点或 [圆弧(A)/中心点(C)]:_a
指定椭圆弧的轴端点或 [中心点(C)]:              //单击水平轴线方向端点
指定轴的另一个端点:                            //单击水平轴线方向另一端点
指定另一条半轴长度或 [旋转(R)]:200
指定起始角度或 [参数(P)]:0
指定终止角度或 [参数(P)/包含角度(I)]:360
```

2. 绘制椭圆弧

- 菜单：【绘图】→【椭圆】。
- 工具栏：单击【绘图】工具栏上的【椭圆弧】 按钮。
- 命令行：输入 ellipse，按回车键。

绘制椭圆弧的操作和绘制椭圆一样，先确定椭圆形状，再输入起始角和终止角来确定椭圆弧。

```
命令:_ellipse
指定椭圆弧的轴端点或 [圆弧(A)/中心点(C)]:_a
指定椭圆弧的轴端点或 [中心点(C)]:              //单击图 3-35 中的点 A
指定轴的另一个端点:                            //单击点 B
指定另一条半轴长度或 [旋转(R)]:                //单击点 C
指定起始角度或 [参数(P)]:0                      //输入 0
指定终止角度或 [参数(P)/包含角度(I)]:90         //输入 90
```

绘制过程及效果如图 3-35 所示。

【例 3-3】　绘制图 3-36 所示的图形。

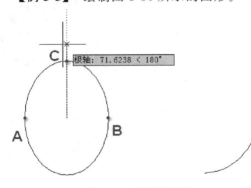 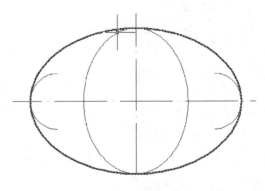

图 3-35　绘制椭圆弧　　　　　　　　图 3-36　椭圆与椭圆弧绘图实例

（1）绘制两个椭圆。

```
命令：_ellipse
指定椭圆的轴端点或［圆弧(A)/中心点(C)］：c
指定椭圆的中心点：
指定轴的端点：
指定另一条半轴长度或［旋转(R)］：
```

（2）绘制椭圆弧。

```
命令：_ellipse
指定椭圆的轴端点或［圆弧(A)/中心点(C)］：_a
指定椭圆弧的轴端点或［中心点(C)］：
指定轴的另一个端点：
指定另一条半轴长度或［旋转(R)］：
指定起始角度或［参数(P)］：                           //单击上象限点
指定终止角度或［参数(P)/包含角度(I)］：              //单击下象限点
```

注意：起始到终止位置的转动方向是逆时针的。

◀ 3.4　绘制多边形 ▶

在绘图过程中，常常需要绘制多边形，并对其进行图案填充或定义面域。本章所对应多边形、图案填充和面域的对象都为封闭线框，其中多边形指矩形和正多边形。

在AutoCAD中，常用的多边形有不规则的和规则的。对于不规则的多边形，可以用直线命令 ✐ 完成；对于规则的多边形，如矩形可以用矩形命令 ▭ 完成，正多边形（正三角形、正四边形、正五边形等）可以用 ⬡ 来完成。

3.4.1　矩形

矩形是绘制平面图形时常用的简单图形。利用该命令绘制时，确定矩形两个对角点坐标，矩形就会生成。执行方法如下。

- 菜单：【绘图】→【矩形】。
- 工具栏：单击【绘图】工具栏中的 ▭ 按钮。
- 命令行：输入 rectang 或 rec，按回车键。

执行命令后，命令行提示如下。

```
命令：_rectang
指定第一个角点或［倒角(C)/标高(E)/圆角(F)/厚度(T)/宽度(W)］：
                              //拾取第一个角点［如图 3-37(a)所示左下的＊处］
指定另一个角点或［面积(A)/尺寸(D)/旋转(R)］：//拾取另一个角点［如图 3-37(a)所示右上的＊处］
```

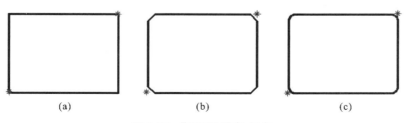

(a)　　　　　　　　(b)　　　　　　　　(c)

图 3-37　【矩形】-圆角-倒角

可以在绘制矩形时，进行矩形边线宽度、矩形厚度、矩形倒角、矩形圆角的设置，而矩形倒角和圆角的设置，有时可以节省绘图时间。

（1）矩形倒角。

    指定第一个角点或 [倒角(C)/标高(E)/圆角(F)/厚度(T)/宽度(W)]:c
    指定矩形的第一个倒角距离 <0.0000>:5
    指定矩形的第二个倒角距离 <5.0000>:
    指定第一个角点或 [倒角(C)/标高(E)/圆角(F)/厚度(T)/宽度(W)]:
                              //拾取第一个角点[如图 3-37(b)所示左下的 * 处]
    指定另一个角点或 [面积(A)/尺寸(D)/旋转(R)]: //拾取另一个角点[如图 3-37(b)所示右上的 * 处]

（2）矩形圆角。

    指定第一个角点或 [倒角(C)/标高(E)/圆角(F)/厚度(T)/宽度(W)]:f
    指定矩形的圆角半径 <5.0000>:5
    指定第一个角点或 [倒角(C)/标高(E)/圆角(F)/厚度(T)/宽度(W)]:
                              //拾取第一个角点[如图 3-37(c)所示左下的 * 处]
    指定另一个角点或 [面积(A)/尺寸(D)/旋转(R)]: //拾取另一个角点[如图 3-37(c)所示右上的 * 处]

3.4.2 正多边形

用【正多边形】命令可以绘制边数为 3～1024 的二维正多边形。

正多边形的命令执行方式如下。

- 菜单:【绘图】→【正多边形】。
- 工具栏:单击【绘图】工具栏中的 ⬡ 按钮。
- 命令行:输入 polygon 或 pol 并按回车键。

可以通过指定正多边形中心、正多边形内接圆或者外切圆半径来绘制正多边形。执行命令时,命令行提示如下。

    命令:_polygon 输入边的数目 <4>:6
    指定正多边形的中心点或 [边(E)]: 单击屏幕
    输入选项 [内接于圆(I)/外切于圆(C)] <I>:i   //内接于圆;如用外切于圆,则输入 c
    指定圆的半径:40   //输入半径,按回车键结束

完成后的效果如图 3-38(a)所示。

外切于圆即多边形外切于圆,通过定义相应参数可以画出所需多边形,也可根据题目条件选择,此处不再赘述。

同时,还可以通过指定正多边形的一条边长来绘制多边形。

    命令:_polygon 输入边的数目 <6>:
    指定正多边形的中心点或 [边(E)]:e
    指定边的第一个端点:指定边的第二个端点:40   //按回车键结束

完成后的效果如图 3-38(b)所示。

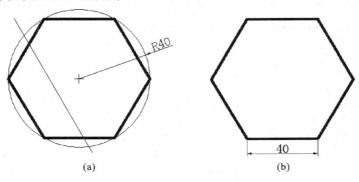

(a)   (b)

图 3-38 绘制正六边形

3.5 图案填充

绘图中有时为了标识某一封闭区域的意义和用途,需要填充某种图案或颜色,如绘制零件剖视图,需要在剖切区域填充剖面线。

3.5.1 图案填充启动

在AutoCAD中创建图案填充的方法如下。

- 菜单:【绘图】→【图案填充】。
- 工具栏:单击【绘图】工具栏中的 按钮。
- 命令行:输入 bhatch 或 bh,按回车键。

执行命令后,会出现图 3-39 所示的对话框,该对话框中的选项用于设置要使用的图案填充类型及比例等,单击【预览】按钮,可查看图形填充效果。

此对话框有两个选项卡,即【图案填充】和【渐变色】,一般在工程图绘制中,用【图案填充】选项卡即可。

3.5.2 选择填充区域

在【图案填充和渐变色】对话框中选择填充区域的方法有两种,分别是选择对象和拾取点,即【图案填充】选项卡中【边界】区域中的两个选项。

【例 3-4】 已知阶梯轴端面图,采用选择对象和拾取点两种方法画出其断面图。

1. 选择对象

在【图案填充和渐变色】对话框中单击【添加:选择对象】,用以选择一个或多个对象,且所选对象需要组成一个或多个封闭区域。具体步骤如下。

(1)在【图案填充和渐变色】对话框中单击【添加:选择对象】,回到绘图窗口;

(2)单击图形对象,如图 3-40(a)所示;

图 3-39 【图案填充和渐变色】对话框

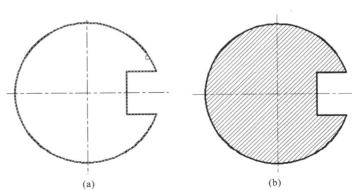

(a)　　　　　　　(b)

图 3-40 选择对象填充

（3）按回车键返回【图案填充和渐变色】对话框，单击【确定】按钮，效果如图3-40(b)所示。

2. 拾取点

如果一个边界是由多个对象围成的，需要在边界内部取一个点来定义边界，可利用【图案填充和渐变色】对话框中的【添加：拾取点】来选择。用拾取点方式进行填充的操作步骤如下：

（1）在【图案填充和渐变色】对话框中单击【添加：拾取点】，切换到绘图区域；

（2）用鼠标单击如图3-41(a)所示的 A、B 区域；

（3）按回车键返回【图案填充和渐变色】对话框，单击【确定】按钮，效果如图3-41(b)所示。

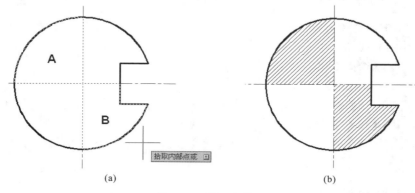

(a)　　　　　　　　　　　　　　　　　　(b)

图 3-41　拾取点填充

3.5.3　填充图案

定义了区域之后，可以选择需要使用的图案，打开【图案填充和渐变色】对话框中的【类型】下拉列表，从中可以选择【预定义】、【用户定义】、【自定义】三种，如图3-42所示。

1. 预定义填充

预定义填充即用AutoCAD的标准填充元件对图案进行填充，从【类型】下拉列表中选择【预定义】，从中选择一种样式；或者单击【图案】列表框右侧的 ，弹出如图3-43所示的对话框。

图 3-42　图案填充类型

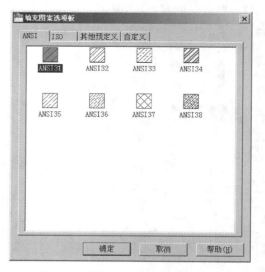

图 3-43　【填充图案选项板】对话框

预定义的填充图案放置在四个不同的选项卡中:【ANSI】和【ISO】选项卡包含所有 ANSI 和 ISO 标准图案填充;【其他预定义】选项卡包含由其他应用程序提供的填充图案;【自定义】选项卡显示所有自定义填充图案文件定义的图案样式。

选择某一种样式后,单击【确定】按钮,图案或者图像会出现在【图案填充和渐变色】对话框的【样例】文本框中。对任意一种图案填充对象,可以设置其【角度】和【比例】。

【角度】:以上文阶梯轴的断面图为例,当【角度】设置为 0°和 45°时,默认旋转方向为逆时针方向,如图 3-44 所示。

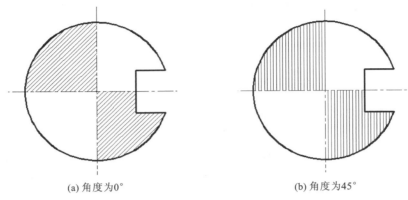

(a) 角度为0°　　　　　　　　　(b) 角度为45°

图 3-44　修改图案填充的角度

【比例】:图案的图线间隔通过比例来控制,可以在下拉列表中找到一些常用比例,如0.25、0.5、1、2 等,也可以根据需要输入新的比例。以上文阶梯轴的断面图为例,将比例分别设置为 1 和 4,得到的效果如图 3-45 所示。

2. 用户定义填充

用户自己定义一种图案,需要为其设置角度、间距和确定是否选用双向图案。其中,【角度】是直线相对于当前 UCS 中 X 轴的夹角,【间距】用于为用户定义图案设定线间距,【双向】用于定义图案是选用一组平行线或是相互垂直的两组交叉线,【比例】用于控制图案密度。

3. 渐变色填充

使用渐变色填充,可以创建从一种颜色到另一种颜色平滑过渡的填充,还能体现出光照在平面或三维对象上产生的过渡颜色,增加图形的演示效果。如图 3-46 所示,在【图案填充和渐变色】对话框中的【渐变色】选项卡中设置渐变色图案。

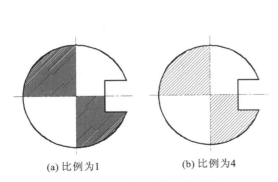

(a) 比例为1　　　　　(b) 比例为4

图 3-45　修改图案填充的比例

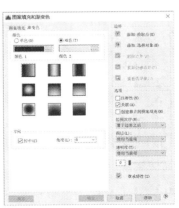

图 3-46　渐变色填充

在【颜色】区域可以单击【单色】和【双色】渐变色,【边界】的拾取方法和【图案填充】的选择类似。

3.5.4　面域

面域是指有边界的平面区域。可以把圆、椭圆、封闭的二维多段线、封闭的样条曲线或者由圆弧、直线、二维多段线、椭圆弧等对象构成的封闭环创建成面域。构成这个封闭环的元素要首尾相连。AutoCAD会自动从图样中拾取这样的环,将其定义为面域。定义为面域后,可以运用布尔运算对面域进行编辑。

1. 创建面域

AutoCAD可以用创建面域命令将已有的封闭区域定义成面域。创建面域的方法如下。

* 菜单:【绘图】→【面域】。
* 工具栏:单击【绘图】工具栏中的⬡按钮。
* 命令行:输入 region 或 reg 并按回车键。

如图 3-47(a)所示,把一个矩形和圆形定义为面域,单击创建面域命令按钮⬡,命令行提示如下。

```
命令:_region
选择对象:指定对角点:找到 2 个
选择对象:
已提取 2 个环。
已创建 2 个面域。
```

创建面域后的对象可能与先前的对象没有区别,此时单击【视图】→【视觉样式】→【真实】(或【概念】)可以显示其效果,如图 3-47(b)所示。

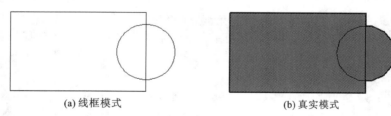

(a) 线框模式　　　　　　　　　　　　(b) 真实模式

图 3-47　创建面域

2. 边界生成面域

还有一种方法同样可以创建面域,即边界法。单击【绘图】→【边界】菜单(相当于执行boundary 命令)后,系统打开如图 3-48 所示的【边界创建】对话框,用户将【边界创建】对话框中的【对象类型】设置为【面域】,即可创建面域。具体步骤如下。

(1) 在【边界创建】对话框中单击【拾取点】按钮转至绘图窗口。
(2) 在需要创建面域处单击,系统自动分析边界,如图 3-49 所示。
(3) 按回车键后系统将给出创建面域提示。

3. 面域运算

AutoCAD有 3 种面域编辑方法:并集、差集、交集。这三种方法统称为布尔运算,面域的运算后结果还是面域。这三种命令按钮在【实体编辑】工具栏中,如图 3-50 所示。

图 3-48 【边界创建】对话框

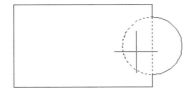

图 3-49 自动分析边界创建面域

图 3-50 【实体编辑】工具栏

并集是将两个或多个面域合并为一个单独面域。执行面域合并命令的方法如下。

- 菜单：【修改】→【实体编辑】→【并集】。
- 工具栏：单击【实体编辑】工具栏中的【并集】按钮 ⊚。

执行此命令后，命令行提示如下。

```
命令：_union
选择对象：找到 1 个                                    //选择矩形
选择对象：找到 1 个，总计 2 个                          //选择圆
```

差集和交集的使用方法与并集的相似，三种面域布尔运算的结果如图 3-51 所示。

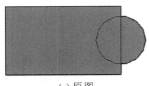  

(a) 原图   (b) 并集   (c) 差集   (d) 交集

图 3-51 面域布尔运算

◀ 3.6 创建块及插入块 ▶

在 AutoCAD 绘图中，如果遇到大量相同或相似的图形，或者在一张图中需要引用其他图纸的大量内容，为提高绘图速度，将重复绘制的图形创建为块，插入其他文件中，或者以外部参照形式直接引用到文件。其优点具体如下。

- 便于修改：利用图块修改一致性特点，所插入的相同图块可以一起修改，这样可以避免逐个修改花费时间。
- 节省磁盘空间：一组数据在图中如果重复出现，会占据较多的磁盘空间，将这组图形定义为块，则对于块的插入，AutoCAD 可以只记住插入的坐标点比例等，节省内存空间。
- 加入属性：如果在图中需要加入某些信息，每次插入时可以做适当改变，而且可以如普通

文本一样将其显示或隐藏起来,这样的文本信息称为属性。

- 建立图形库:可以将经常使用的图形建立为图形库,随时调用。

3.6.1　创建块和保存块

1. 创建块

创建块首先要定义块中所包含的对象,指定块的名称、对象及插入点。创建块的方法如下。

- 菜单:【绘图】→【块】→【创建】。
- 工具栏:单击【绘图】工具栏中的 按钮。
- 命令行:输入 block 或 b 并按回车键。

命令执行后,会打开【块定义】对话框,如图 3-52 所示,可以对块定义进行设置。

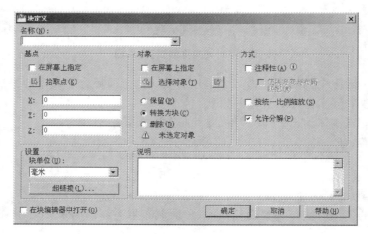

图 3-52　【块定义】对话框

(1)【名称】:输入当前要创建的图块的名称,例如表面粗糙度。

(2)【基点】:此处定义的插入点是该块将来插入的基准点,也是在插入过程中旋转或缩放的基点。用户可以通过单击【拾取点】按钮,切换到绘图区,在图形中直接选定;也可以在【X】、【Y】、【Z】三个文本框中直接输入坐标值来指定。

(3)【对象】:用于指定新块中的对象。

【选择对象】按钮:单击后直接切换到屏幕,点选或者框选对象。

【保留】单选按钮:单击后构成图块的图形实体保留在绘图区,不转换为块。

【转换为块】单选按钮:单击后构成图块的图形实体也转换为块。

【删除】单选按钮:单击后构成图块的图形实体将被删除。

(4)【设置】包含【块单位】和【超链接】两项。

【块单位】下拉列表:用于设置AutoCAD设计中心拖动块的缩放单位。

【超链接】:可以链接浏览其他文件或访问 Web 网站。

(5)【说明】:可以为块输入描述性文字。

2. 保存图块(写块)

用"block"命令创建的图块只能用于当前文件,如果要定义一个图块在不同文件中都可以用,就要用写块命令"wblock",可以将当前指定的图形或已经定义过的块作为一个独立的图形文件存盘。

在命令行中,输入 w 或 wblock,按回车键。执行命令后,会弹出【写块】对话框,如图 3-53 所示。

(1)【源】选项组:用于指定存储块的对象或基点。

【块】单选按钮:可通过下拉列表选择一个块名,保存块的基点不变。

【整个图形】单选按钮:可将整个图形作为块进行存储。

【对象】单选按钮:可将用户选择对象作为块进行存储(该项点选后,【基点】和【对象】为可选状态)。

(2)【目标】选项组:用于设置保存块的名称、路径及插入单位。

【文件名和路径】:用于指定保存块的名称、路径;单击右边按钮![...],系统会弹出【浏览图形文件】对话框,在该对话框中可以进行路径的选择。

3.6.2 插入块与修改块

1. 插入块

插入块的方法如下。

- 菜单:【插入】→【块】。
- 工具栏:单击【插入点】工具栏中的 ⚙ 按钮。
- 命令行:输入 insert 或 i 并按回车键。

执行命令后,会打开【插入】对话框,如图 3-54 所示,用户可以指定要插入的块或图形的名称与位置。在当前任务下,系统自动将最后插入的块作为随后使用的默认块。

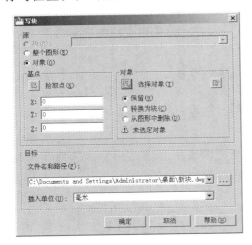

图 3-53 【写块】对话框

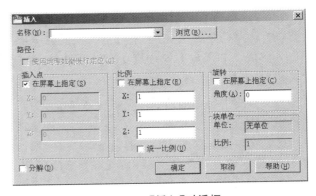

图 3-54 【插入】对话框

(1)【名称】:指定要插入块的名称,可以直接从列表中选择块名称,或者单击【浏览】按钮打开【选择图形文件】对话框(见图 3-55),从中选择要插入的块或图形文件。

注意:选择图形文件作为块来插入时,插入基点是坐标原点(0.000,0.000,0.000)。

(2)【插入点】:确定块的插入点。

勾选【在屏幕上指定】复选框,用鼠标在屏幕上指定;不勾选【在屏幕上指定】复选框的情况下,会通过输入【X】、【Y】、【Z】坐标值确定插入点。

(3)【比例】:指定插入块的缩放比例。

勾选【在屏幕上指定】复选框,用鼠标指定块的缩放比例。

不勾选【在屏幕上指定】复选框时,可以通过在下方的【X】、【Y】、【Z】数值框中输入比例值来

图 3-55 【选择图形文件】对话框

设定不同轴方向的缩放比例,使图形在不同坐标轴有不同的缩放量。

勾选【统一比例】复选框,使 X、Y、Z 坐标方向按同一比例缩放。

(4)【旋转】:指定插入块的旋转角度。

与【比例】相似,通过勾选【在屏幕上指定】复选框,可以用定点设备指定块的旋转角度,也可以通过在下方的【角度】后输入角度值来为块设定旋转角度。

(5)【块单位】:显示有关块单位的信息,包括【单位】和【比例】。

(6)【分解】复选框:分解块并插入块的各个部分。如果所插入块需要修改,可以勾选该项,用以分解块。如果没有勾选该项,可以用编辑命令【分解】对块进行分解。

2. 修改块

(1)修改未保存的块。要修改未保存的图块,应先修改图块中的任意一个,以同样的图块名再重新定义一个。重新定义后,系统将立即修改已插入的图块。

(2)修改已保存的图块。打开图块文件,修改后以原来的名称保存,然后再执行一次插入命令,按提示确定重新定义后,系统将会修改所有已插入的同名图块。

当图中已插入多个相同的图块,而且只需要修改其中一个时,切忌重复定义。

◀ **3.7 文   字** ▶

AutoCAD 2016 提供了强大的书写功能,即单行文字和多行文字两种书写文字功能。文字可以为图形提供附加信息和特征描述。输入文字时,程序使用当前的文字样式,该样式定义了字体、高度、宽度因子、倾斜角度和其他文字特征。

3.7.1 设置文字样式

书写文字、填写表格、标注尺寸等工作的首要任务就是设置文字样式。文字样式主要是对书写文字的外观,比如字体、高度、宽度因子、倾斜角度等参数进行设置。很多情况下,系统默认字体往往不符合标准或者用户专业需求,在绘制图样时,通常要定义多种文字样式。启动设置文字样式的方法如下。

- 菜单:【格式】→【文字样式】。
- 工具栏:单击【文字】工具栏 中的 按钮。
- 命令行:输入 style 或 st 并按回车键。

命令执行后,会弹出【文字样式】对话框,如图 3-56 所示,设置文字的字体、高度、宽度因子等参数。

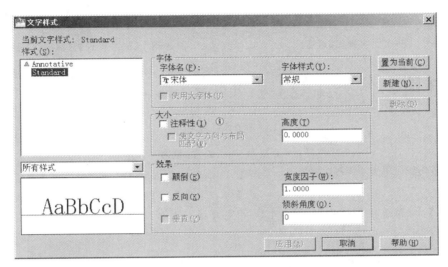

图 3-56 【文字样式】对话框

(1)【样式】:列出当前可以使用的文字样式,默认为【Standard】,可以设置多种样式。

(2)【字体】:包含【字体名】和【字体样式】两个选项。

【字体名】下拉列表:可以选择已有字体。

【字体样式】下拉列表:可以选择所需字体。

【使用大字体】复选框:选择某些字体,如"simplex.shx"时,该复选框处于可勾选状态。

(3)【大小】:包含【注释性】复选框和【高度】。

【高度】:可以设置文字的高度,如果设置为0,每次使用该样式输入文字时,系统默认高度为2.5;如果大于0,则为该样式设置固定的文字高度。

建议该项设置为0,便于书写文字时修改文字高度。

对于中国国家标准,一般在工程图纸中书写汉字要采用大字体汉字,需要【SHX 字体】下拉列表中选择斜体西文【gbetic.shx】或正体西文【gbenor.shx】,选中【使用大字体】复选框,在【大字体】下拉列表中选择【gbcbig.shx】大字体。

建立符合国标的汉字,要用上文所述的 SHX 文件,这样可以解决两个问题:①同样字高的中西文字大小一致;②文字的宽度因子为1时就符合国标规定。

1. 汉字

单击【文字样式】对话框中的【新建】按钮,打开【新建文字样式】对话框,在【样式名】文本框中输入【汉字】,如图 3-57 所示,单击【确定】按钮。

在【文字样式】对话框中选择【仿宋_GB2312】,宽度因子选择【0.7000】,高度选择【0.0000】,

如图 3-58 所示，书写文字时按要求选择字体高度。

图 3-57 【新建文字样式】对话框

图 3-58 【文字样式】对话框（汉字）

图 3-59 两种字体对比图

有时建议用【使用大字体】，在【字体样式】列表中选择【gbcbig.shx】。用仿宋_GB2312 和 gbcbig.shx 书写相同字号的字，gbcbig.shx 要稍小些，如图 3-59 所示。

2. 数字和字母

在【文字样式】对话框中，单击【新建】按钮，在【样式名】文本框中输入【数字和字母】，字体选择【gbenor.shx】，因为机械图样中标注尺寸数字主要是 3.5 号字体，高度选择 3.5，宽度因子选择 1，如图 3-60 所示。

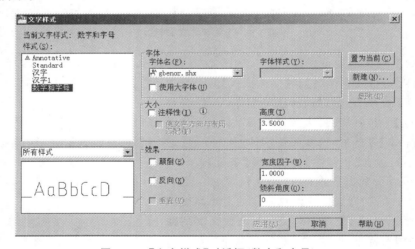

图 3-60 【文字样式】对话框（数字和字母）

3.7.2 书写单行文字

【单行文字】命令启动后只能输入一行文字，不可以自动换行输入。按回车键或在其他处单击鼠标左键，会自动进入下一行，按 Esc 键结束。

单行文字用来书写较少的文字，用其创建的一行或多行文字，每行都是独立的对象，可对其进行重定位、调整格式或修改字体。

启动方式如下。

- 菜单:【绘图】→【文字】→【单行文字】。
- 工具栏:单击【文字】工具栏 A A A A A A A A A A A A 中的 AI 按钮。
- 命令行:输入 dtext 或 dt 并按回车键。

命令行提示如下。

```
命令:_dtext
当前文字样式："数字和字母" 文字高度: 3.5000 注释性: 否
指定文字的起点或[对正(J)/样式(S)]:          //指定文字起始位置,设置对正方式和样式
指定文字的旋转角度<0>:          //指定旋转角度,默认为 0
```

在绘图窗口指定文字起点后,光标会在该处闪烁,如图 3-61 所示。

输入文字后按回车键可以继续输入第二行文字,连续按两次回车键结束命令。

在创建单行文字指定起点时,可以看到有【对正(J)】选项。该选项是文字相对起点位置的对齐方式,即决定字符哪一部分与插入点对齐,左对齐是默认选项。

【对正(J)】选项包括:

[对齐(A)/布满(F)/居中(C)/中间(M)/右对齐(R)/左上(TL)/中上(TC)/右上(TR)/左中(ML)/正中(MC)/右中(MR)/左下(BL)/中下(BC)/右下(BR)]。

图 3-61 单行文字输入

- 对齐(A):无须输入字高,字高取决于字的多少。
- 布满(F):字高由设定值确定,字宽自动适应。
- 居中(C):需要输入标注文本基线的中心,输入字符后字符均匀分布于该中心点两侧。
- 中间(M):需要输入标注文本中线的中心,输入字符后字符均匀分布于该中心点两侧。
- 右对齐(R):要求输入标注文本基线的终点,输入字符后,字符均匀分布在该点左侧。
- 左上(TL):要求输入标注文本的左上点,输入字符后,字符均匀分布在该点的左下侧。

中上(TC)/右上(TR)/左中(ML)/正中(MC)/右中(MR)/左下(BL)/中下(BC)/右下(BR)和左上(TL)类似,要求输入基点位置不同,此处不再赘述。

实际绘图中,需要标注一些特殊字符,如直径符号、度数等。因此,AutoCAD提供了相应的代码和字符串,可以使用某些特殊字符或符号来实现这些标注书写的要求。AutoCAD的控制符由两个百分号(%%)和一个字符构成,如表 3-1 所示。

表 3-1 常用控制符及其书写

控 制 符	符 号 书 写	控 制 符	符 号 书 写
%%d	度数符号(°)	%%c	直径符号(φ)
%%p	正负号符号(±)	%%u	文字的下画线

3.7.3 书写多行文字

多行文字由任意数目的文字和段落组成。多行文字一次输入的文字是一个对象,可以移动、删除、旋转、复制、镜像、拉伸或缩放多行文字对象。

多行文字用分解 explode 命令后可分解为几个单行文字,而单行文字不可以再分解。

多行文字的命令如下。

- 菜单:【绘图】→【文字】→【多行文字】。
- 工具栏:单击【绘图】工具栏或【文字】工具栏中的 A 按钮。

● 命令行：输入 mtext 或者 mt，按回车键。

执行多行文字命令后，要在绘图窗口中指定边框的起点和对角点来定义多行文字对象的宽度，会显示【文字格式】编辑器，如图 3-62 所示。

命令：_mtext
当前文字样式： 长仿宋体 文字高度： 3 注释性： 否
指定第一角点：
指定对角点或 [高度(H)/对正(J)/行距(L)/旋转(R)/样式(S)/宽度(W)/栏(C)]：

图 3-62 【文字格式】编辑器

在【文字格式】编辑器中，有如下选项。

（1）样式：指定多行文字对象的文字样式。如新样式应用到当前的多行文字对象中，字体、高度、粗体或斜体属性的字符格式将被替代，堆叠、下画线和颜色将保留在新样式的字符中。不宜用具有反向或者倒置效果的样式。如果在 SHX 字体中应用定义为垂直效果的样式，这些文字将在在位编辑器中水平显示。

（2）字体：为输入的文字指定字体或改变选定文字的字体。TrueType 字体按字体族的名称列出。AutoCAD编译的字体（SHX）按字体所在文件的名称列出。

（3）文字高度：按图形单位设置新文字的字符高度或修改选定文字的高度。多行文字对象可以包含不同高度的字符。

（4）粗体和斜体：用于开启或关闭新文字或选定文字的粗体和斜体格式。此项适用于TrueType 字体的字符。

（5）下画线：开启或关闭新文字或选定文字的下画线。

（6）放弃或重做：放弃或重做对文字内容或格式所做的修改。

（7）堆叠 b/a：如果选定包含堆叠字符的文字，则可创建堆叠文字。使用堆叠字符如插入符号(^)、正向斜杠(/)和磅符号(#)时，堆叠字符左侧的文字将堆叠在字符右侧的文字之上。

单击多行文字，选择两角点，弹出【文字格式】编辑器和在位编辑器。在在位编辑器内输入三行文字，如图 3-63 所示。

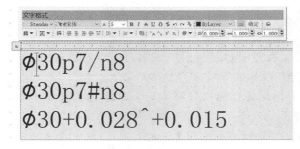

图 3-63 在在位编辑器中输入三行文字

选中【P7/n6】,按住鼠标左键,拖动鼠标,被选文字会呈现深蓝色;而此时堆叠项为可选项,单击【文字格式】编辑器中的 b/a,则 P7/n6 变成分数形式。

同理,选择【P7♯n6】、【+0.028^+0.015】,单击堆叠按钮,结果如图 3-64 所示。

(8)颜色:用于指定新文字的颜色或对选定文字进行颜色更换。如图 3-65 所示,可以为文字指定与被打开的图层(可以随层 ByLayer,可以随块 ByBlock)相同的颜色。

图 3-64　堆叠结果

图 3-65　文字格式——颜色选项

(9)标尺:单击 █ 按钮,在位编辑器上方会出现标尺,拖动标尺末尾的箭头可以更改多行文字宽度。

(10)插入字段:单击 █,会打开【字段】对话框,如图 3-66 所示,选择要插入文字的字段。

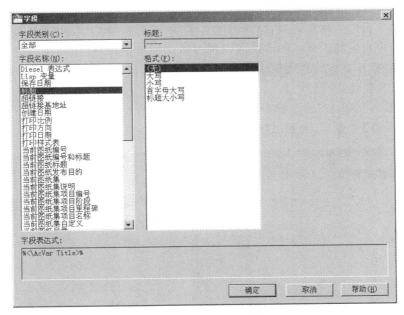

图 3-66　【字段】对话框

(11) █ 从左到右依次是栏数、多行文字对正、段落、左对齐、居中、右对齐、对正、分布、行距、编号。

(12)倾斜角度 0/0.0000:确定文字前倾还是后倾,此角度是相对于 90°方向的偏移角度,输入-85~85 的数字使文字倾斜,倾斜角度的值为正时向右侧倾斜,倾斜角度的值为负时向左倾斜。

(13)选项菜单。打开选项菜单(见图 3-67),该菜单用于控制【文字格式】编辑器的显示,并提供了其他编辑选项。

（14）背景遮罩：当输入文字需要背景颜色时，可以使用该选项。单击在位编辑器上的选项按钮，在弹出的菜单中选择【背景遮罩】，会弹出【背景遮罩】对话框（见图3-68）。勾选【使用背景遮罩】复选框，可以根据需要调整背景边界偏移因子和填充颜色，默认填充颜色为红色。

图3-67 选项菜单   图3-68 【背景遮罩】对话框

（15）输入文字。如果输入的多行文字是已经存在的文件，可以在文字输入窗口中单击鼠标右键，从弹出的快捷菜单中选择【输入文字】命令，会弹出【选择文件】对话框（见图3-69），将已经创建好的 TXT 文件或 RTF 文件直接导入当前图形。

（16）拼写检查：可以查出图形中所有文字的拼写，可以指定已使用的特定语言的词典，可以自定义管理多个自定义拼写词典；包含标注文字、单行文字、多行文字、块属性中的文字等。

可以搜索用户指定的图形或图形区域内拼写错误的短语，如搜索到拼写错误的词语，则将该词语亮显，并且将区域缩放到便于读取该词语的比例。

- 菜单：【工具】→【拼写检查】。
- 命令行：输入 spell，按回车键。

执行【拼写检查】命令后，会弹出【拼写检查】对话框，如图3-70所示。

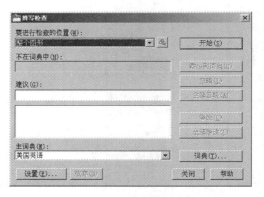

图3-69 【选择文件】对话框   图3-70 【拼写检查】对话框

（17）特殊字符：单击在位编辑器中的 @ 按钮，将弹出特殊字符快捷菜单（见图3-71），列出常用的特殊字符输入代号。

如果没有找到所需字符，可以单击【其他】，弹出【字符映射表】对话框，如图3-72所示。在该表中选中要插入的字符，然后单击【复制】按钮，在多行文字编辑器中单击鼠标右键，在快捷菜单中选择【粘贴】命令。

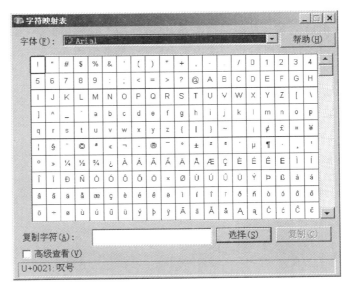

图 3-71 特殊符号快捷菜单　　　　　　　图 3-72 【字符映射表】对话框

（18）项目符号和列表。多行文字在输入时，如果需要排列成列表，可以单击在位编辑器上的【编号】按钮，在弹出的菜单中，如选择【以数字标记】（见图 3-73），则在输入文字前会自动加上"1.""2."，如图 3-74 所示；如选择【以字母标记】，则输入文字前会自动加上"a.""b."。

图 3-73 【编号】——【以数字标记】

图 3-74 【以数字标记】的多行文字输入

3.7.4 编辑文字

1. 编辑单行文字

在图纸上的文字，无论单行文字还是多行文字，有时都需要对其进行标记和修改。我们可以通过文字编辑器来修改已书写的文字。

1）编辑内容

单行文字内容的编辑方法有多种，最常用的方法是使用 ddedit 命令。

- 菜单：【修改】→【对象】→【文字】→【编辑】。
- 工具栏：单击【文字】工具栏中的 按钮。
- 命令行：输入 ddedit 并按回车键。

也可以通过右键快捷菜单,单击其中的【编辑】命令;还可以通过对象特性 properties 命令修改单行文本。直接选择文本,单击标准工具栏中的【对象特性】按钮,打开【特性】选项板,在这里用户不仅可以编辑文字内容,还可以编辑图层、插入点、样式等特性。

2）缩放

对文本缩放的方法如下。

- 菜单:【修改】→【对象】→【文字】→【比例】。
- 工具栏:单击【文字】工具栏中的 按钮。
- 命令行:输入 scaletext 并按回车键。

> 命令:_scaletext
>
> 选择对象:找到 1 个
>
> 选择对象:
>
> 输入缩放的基点选项
>
> ［现有(E)/左对齐(L)/居中(C)/中间(M)/右对齐(R)/左上(TL)/中上(TC)/右上(TR)/左中(ML)/正中(MC)/右中(MR)/左下(BL)/中下(BC)/右下(BR)］<现有>:
>
> 指定新模型高度或［图纸高度(P)/匹配对象(M)/比例因子(S)］<2.5>: 5
>
> 1 个对象已更改

3）对正方式

编辑对文字正方式可以重新定义文字的插入点而不用移动文字,方法如下。

- 菜单:【修改】→【对象】→【文字】→【对正】。
- 工具栏:单击【文字】工具栏中的 按钮。
- 命令行:输入 justifytext 并按回车键。

执行该命令后,命令行提示如下。

> 命令:_justifytext
>
> 选择对象:找到 1 个
>
> 选择对象:
>
> 输入对正选项
>
> ［左对齐(L)/对齐(A)/布满(F)/居中(C)/中间(M)/右对齐(R)/左上(TL)/中上(TC)/右上(TR)/左中(ML)/正中(MC)/右中(MR)/左下(BL)/中下(BC)/右下(BR)］<左对齐>:C   //使文字居中

图 3-75 【特性】选项板

2. 编辑多行文字

编辑多行文字的常用方法如下。

- 菜单:【修改】→【对象】→【文字】→【编辑】。
- 工具栏:单击【文字】工具栏中的 按钮。
- 命令行:输入 ddedit 并按回车键。

还可以双击多行文字,或者单击多行文字后单击鼠标右键,在弹出的快捷菜单上选择【编辑多行文字】进行编辑,也能通过【特性】选项板(见图 3-75)进行修改。

◀ **3.8 表 格** ▶

工程图样中有时需要使用表格,表格是行和列中所包含数据的对象。在绘制一张完整工程图的过程中常常会遇到表格的绘制,比如一张图纸上的标题栏、明细栏、材料清单等。

3.8.1 创建表格样式

用户可以用样板文件 acad.dwt 和 acadiso.dwt 默认表格样式 Standard,也可以创建所需的表格样式。

- 菜单:【格式】→【表格样式】。
- 工具栏:单击【表格样式】按钮。
- 命令行:输入 tablestyle 或 ts 并按回车键。

执行【表格样式】命令后,会弹出【表格样式】对话框(见图 3-76),该对话框左侧为【样式】、【列出】列表。其中【样式】列表中未创建新样式前,系统只有 Standard 样式。【列出】列表有"所有样式"和"正在使用的样式"两种,如图 3-77 所示。

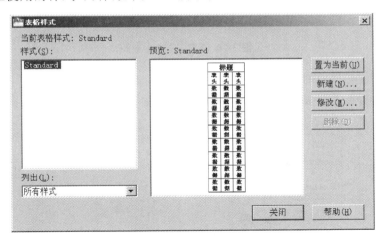

图 3-76 【表格样式】对话框

中部为预览框,右侧有【置为当前】、【新建】、【修改】和【删除】4 个按钮。

【置为当前】:将【样式】列表中的某个选定的表格样式选为当前样式。

【新建】:显示【创建新的表格样式】对话框,定义一种新的表格样式。

【修改】:可以修改某一种表格样式,显示修改表格样式对话框。

【删除】:删除某种选定的表格样式,但不能删除正在使用的表格样式。系统默认的样式 Standard 也不可以删除。

创建新样式流程如下。

(1)单击【新建】按钮,打开【创建新的表格样式】对话框。【基础样式】为 Standard,输入新样式名,如"标题栏",如图 3-78 所示。

(2)单击【继续】按钮,弹出【新建表格样式:标题栏】对话框,可以设置【单元样式】,在下拉菜单中选择【数据】、【标题】和【表头】,设置【常规】、【文字】、【边框】等选项卡中的相应样式参数。

图 3-77 【列出】列表

图 3-78 【创建新的表格样式】对话框

比如,标题栏等表格不需要标题和表头,则将单元样式类型由【标签】改为【数据】。

【常规】:设置表格填充颜色、对齐方式、格式、类型等,如图 3-79 所示。

图 3-79 【常规】选项卡

【文字】:设置单元样式的文字样式、文字高度、文字颜色和文字角度等,如图 3-80 所示。

【边框】:设置是否需要表格的边框,需要时设置线宽、线型、颜色等,如图 3-81 所示。

图 3-80 【文字】选项卡

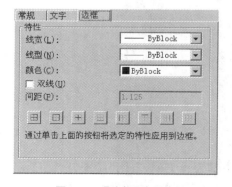

图 3-81 【边框】选项卡

3.8.2 插入表格

设置样式后,可以创建所需表格,将其插入所需位置。

调用方法如下。

- 菜单:【绘图】→【表格】。
- 工具栏:单击【绘图】工具栏中的 按钮。
- 命令行:输入 table 并按回车键。

执行该命令后,弹出【插入表格】对话框,如图 3-82 所示。其中包含【表格样式】、【插入方式】、【列和行设置】、【设置单元样式】、【插入选项】等选项组,在选项组中设置不同的选项可以创建不同的表格。

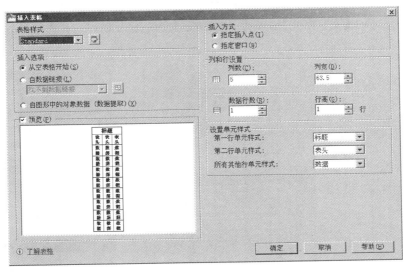

图 3-82 【插入表格】对话框

(1)【表格样式】:单击其下拉列表可选择已经创建好的表格样式,单击下拉菜单右边的 按钮,可以启动【表格样式】对话框并对所选表格进行修改。

(2)【插入方式】:该选项组可以指定表格位置。

【指定插入点】单选按钮:可以在绘图区的某点插入固定大小的表格,只要拖动表格大小至合适位置,即可创建表格。

【指定窗口】单选按钮:可以通过拖动表格边框创建任意大小的表格。选定【指定窗口】单选按钮时,【列和行设置】中,【列数】、【列宽】、【数据行数】、【行高】勾选其中两项时,另外两项会自动变化。

(3)【列和行设置】:可以改变【列数】、【列宽】、【数据行数】、【行高】来调整表格尺寸。

(4)【设置单元样式】:设置是否要标题、表头和数据行。

(5)【插入选项】:单选【从空表格开始】,可以创建一个空白表格;单选【自数据链接】,可以从外部导入数据来创建表格;单选【自图形中的对象数据(数据提取)】,可以用从图形中提取来的数据创建表格。

3.8.3 编辑表格

1. 特性编辑

表格创建完成后,在表格中的任意位置单击鼠标右键,从弹出的快捷菜单(见图 3-83)中选择【特性】命令,弹出【特性】选项板,通过【特性】选项板来修改表格,如图 3-84 所示。

2. 行和列的编辑

用户可以对表格的行和列的尺寸进行编辑,选中单元格后,利用【特性】选项板,可以修改

【表格高度】、【表格宽度】的值,也可以将新的表格样式应用到已有的表格。

AutoCAD 2016 还可以利用插入公式功能进行简单的公式计算,如总计、计数和均值,以及计算简单的算术表达式。

选定单元格后,单击鼠标右键,在弹出的快捷菜单中选择【插入点】→【公式】,弹出插入公式子菜单(见图 3-85)。单击【文字格式】编辑器中的【确定】按钮,将自动得到计算结果(见图 3-86)。

图 3-83　选中单元格的
快捷菜单

图 3-84　表格【特性】选项板

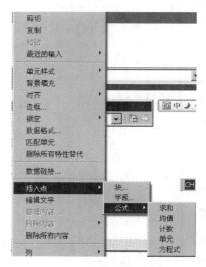

图 3-85　插入公式子菜单

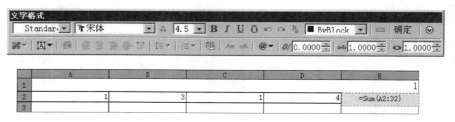

图 3-86　【文字格式】编辑器实现自动计算

3. 文字编辑

编辑表格中的文字,有以下两种方式打开在位编辑器进行修改:

(1)在表格单元格内双击鼠标;

(2)选定表格单元格后,单击鼠标右键,从弹出的快捷菜单中选择【编辑文字】命令。

4. 使用技巧

AutoCAD 2016 虽然图形功能非常强大,但表格处理功能相对较弱,而在实际使用中往往需要制作各种表格,如明细栏等。在 AutoCAD 2016 环境下用人工画线方法绘制表格,然后在表格中填写文字,不但效率低下,而且很难精确控制文字的书写位置,文字排版也成问题。

尽管 AutoCAD 2016 支持对象链接与嵌入,可以插入 Word 或 Excel 表格,但是:一方面不方便修改,所有修改都得进入 Word 或 Excel,修改完成后,又得退回到 AutoCAD;另一方面一些特殊符号在 Word 或 Excel 中很难输入。

可以先在 Excel 中制作完整表格，再复制到剪贴板，然后在 AutoCAD 2016 环境下选择【编辑】菜单中的【选择性粘贴】中的【AutoCAD图元】，单击【确定】按钮以后，表格即转化成 AutoCAD实体，可以编辑其中的线条及文字，非常方便。

◀ 3.9　项目实训 ▶

3.9.1　项目1：点、线、样条曲线

已知矩形长 100，宽 20，上、下两边等分 12 份，用光滑曲线连接矩形两短边中点和图示节点，并使起点和终点处切于 45°，如图 3-87 所示。

项目 1

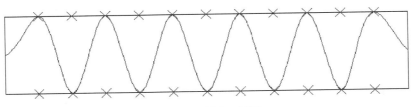

图 3-87　项目 1 例图

1. 画出矩形

单击 ✎ ，将状态栏中的 ⟨极轴追踪⟩、【对象捕捉】、【对象捕捉追踪】打开，画水平线，如图 3-88 所示。

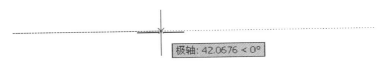

极轴: 42.0676 < 0°

图 3-88　画水平线

当追踪线出现时，在键盘上输入"100"，然后按回车键，水平线绘制完成。如图 3-89 所示，将鼠标向下移动，极轴角为 270°，追踪线出现时，在键盘上输入"20"后按回车键。

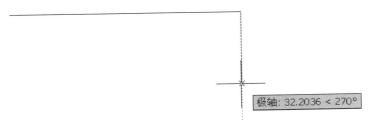

极轴: 32.2036 < 270°

图 3-89　画垂线

同理，画出另外两条线，结果如图 3-90 所示。

2. 设置点样式和定数等分

● 单击菜单【格式】→【点样式】，弹出【点样式】对话框，如图 3-91 所示。

图 3-90　画矩形

- 单击【绘图】→【点】→【定数等分】。

命令:_divide	
选择要定数等分的对象:	//单击直线
输入线段数目或［块(B)］:12	//输入"12"

结果如图 3-92 所示。

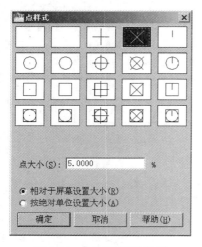

图 3-91　【点样式】对话框

图 3-92　矩形上、下两边 12 等分

3. 画样条曲线

单击状态栏中的对象捕捉,单击鼠标右键,弹出图 3-93(a)所示的快捷菜单,单击【中点】、【节点】。

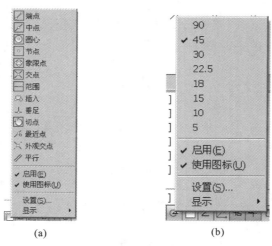

(a)　　　　　　　　(b)

图 3-93　设置对象捕捉和极轴增量角

单击样条曲线～,捕捉×所示的节点,画出样条曲线,如图 3-94 所示。

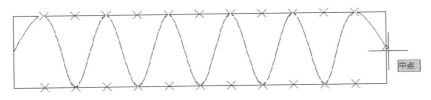

图 3-94 按节点画出样条曲线

在状态栏的【极轴追踪】处,单击鼠标右键,设置极轴增量角为 45,如图 3-93(b)所示。

指定起点/终点切线,当极轴为 225°和 315°时,极轴追踪线出现,如图 3-95 所示。

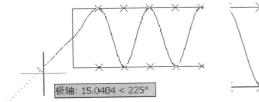

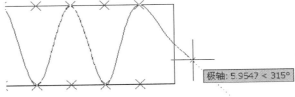

图 3-95 指定样条曲线起点/终点切线

3.9.2 项目 2:多段线、圆、填充

将水平线分成四等份,并用多段线、圆弧连接节点。

(1) 绘制一个长 200 单位的水平线,并将线等分为四等份,如图 3-96 所示。

项目 2

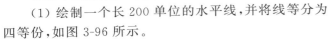

图 3-96 将水平线四等分

(2) 绘制多段线,其中:线宽在 B、C 两点处最宽,宽度为 10;A、D 两点处宽度为 0。

```
命令:_pline
指定起点:                                                          //单击 A 点
当前线宽为 0.0000
指定下一个点或 [圆弧(A)/半宽(H)/长度(L)/放弃(U)/宽度(W)]:w        //回车
指定起点宽度 <0.0000>:0
指定端点宽度 <0.0000>:10
指定下一个点或 [圆弧(A)/半宽(H)/长度(L)/放弃(U)/宽度(W)]:a
指定圆弧的端点或
[角度(A)/圆心(CE)/方向(D)/半宽(H)/直线(L)/半径(R)/第二个点(S)/放弃(U)/宽度(W)]:d
指定圆弧的起点切向:                            //在图 3-97(a)所示位置处单击鼠标左键
指定圆弧的端点:                                                    //单击 B 点
指定圆弧的端点或
[角度(A)/圆心(CE)/闭合(CL)/方向(D)/半宽(H)/直线(L)/半径(R)/第二个点(S)/放弃(U)/宽
度(W)]:w
指定起点宽度 <10.0000>:10
指定端点宽度 <10.0000>:0
指定圆弧的端点或
[角度(A)/圆心(CE)/闭合(CL)/方向(D)/半宽(H)/直线(L)/半径(R)/第二个点(S)/放弃(U)/宽
度(W)]:                                                          //单击 D 点
```

指定圆弧的端点或

[角度(A)/圆心(CE)/闭合(CL)/方向(D)/半宽(H)/直线(L)/半径(R)/第二个点(S)/放弃(U)/宽度(W)]:w

  指定起点宽度<0.0000>:0

  指定端点宽度<0.0000>:10

  指定圆弧的端点或

[角度(A)/圆心(CE)/闭合(CL)/方向(D)/半宽(H)/直线(L)/半径(R)/第二个点(S)/放弃(U)/宽度(W)]:d

  指定圆弧的起点切向: //在图 3-97(b)所示位置处鼠标左键单击

  指定圆弧的端点: //单击 C 点

  指定圆弧的端点或

[角度(A)/圆心(CE)/闭合(CL)/方向(D)/半宽(H)/直线(L)/半径(R)/第二个点(S)/放弃(U)/宽度(W)]:w

  指定起点宽度<10.0000>:10

  指定端点宽度<10.0000>:0

  指定圆弧的端点或

[角度(A)/圆心(CE)/闭合(CL)/方向(D)/半宽(H)/直线(L)/半径(R)/第二个点(S)/放弃(U)/宽度(W)]:   //单击 A 点

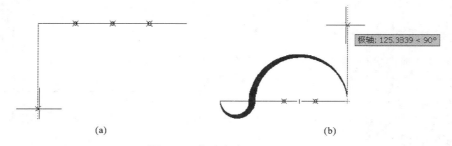

(a)   (b)

图 3-97 指定起点和圆弧切向

（3）绘制圆,分别切于直线和多段线。

单击菜单【绘图】→【圆】→【相切、相切、相切】,当鼠标靠近直线,出现切点捕捉符号时,单击鼠标左键;同理找到多段线上的切点并单击切点,如图 3-98 所示。

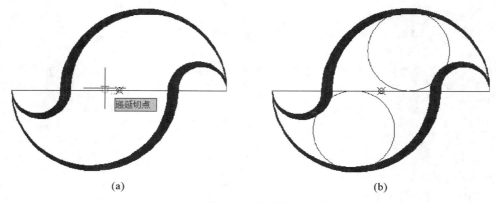

(a)   (b)

图 3-98 绘制圆

（4）图案填充。单击图案填充 ,弹出【图案填充和渐变色】对话框。单击【图案】选项后的按钮▦，弹出【填充图案选项板】对话框，如图 3-99 所示。选择填充图案【SOLID】，单击【确定】按钮。单击【边界】选项下的【添加:拾取点】按钮▦，在两圆内部单击，如图 3-100(a)所示，选中圆后，圆外轮廓变为虚线，单击鼠标右键，弹出快捷菜单[见图 3-100(b)]，单击【确认】，再次弹出【图案填充和渐变色】对话框，单击【确定】按钮，效果如图 3-100(c)所示。

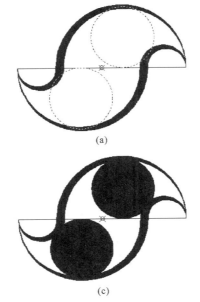

(a)

(c)

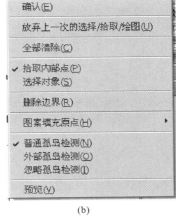

(b)

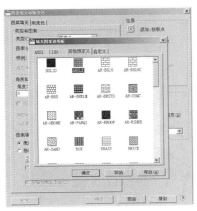

图 3-99 【填充图案选项板】对话框

图 3-100 填充圆

3.9.3 项目 3:多边形、圆弧

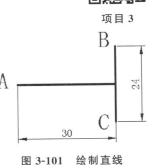

项目 3

绘图要求如下。

- 按要求绘制直线和圆弧。
- 绘制图形右边半径为 30 的圆弧。
- 在圆弧中再画两个多边形。

（1）用直线命令画出两条直线，长度分别为 24 和 30，如图 3-101 所示。

（2）画圆弧。单击菜单【绘图】→【圆弧】→【起点、端点、方向】:

图 3-101 绘制直线

命令:_arc 指定圆弧的起点或 [圆心(C)]:　　　　　　　　　　　//单击图 3-101 中的 B 点
指定圆弧的第二个点或 [圆心(C)/端点(E)]:_e
指定圆弧的端点:　　　　　　　　　　　　　　　　　　　　　　//单击 A 点
指定圆弧的圆心或 [角度(A)/方向(D)/半径(R)]:_d 指定圆弧的起点切向:
　　　　　　　　　　　　　　　　　　//在图 3-102(a)所示位置左键鼠标单击

同理，画出下面圆弧，如图 3-102(b)所示。

（3）画半径为 30 的大圆弧。单击菜单【绘图】→【圆弧】→【起点、端点、半径】:

命令:_arc 指定圆弧的起点或 [圆心(C)]:
指定圆弧的第二个点或 [圆心(C)/端点(E)]:_e
指定圆弧的端点:
指定圆弧的圆心或 [角度(A)/方向(D)/半径(R)]:_r 指定圆弧的半径:-30　　//如果输入 30,为劣弧

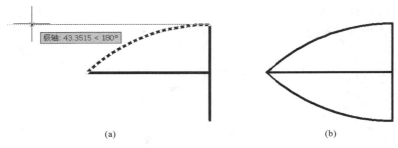

图 3-102　绘制圆弧

绘制效果如图 3-103 所示。

（4）绘制正多边形。单击菜单【绘图】→【正多边形】：

```
命令: _polygon 输入边的数目 <5>:                    //输入 5 后回车
指定正多边形的中心点或 [边(E)]:                     //单击圆弧圆心
输入选项 [内接于圆(I)/外切于圆(C)] <I>:i
指定圆的半径: <正交 开> 20                          //输入 20 后回车
```

绘制效果如图 3-104 所示。

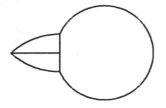

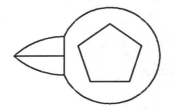

图 3-103　绘制大圆弧　　　　　图 3-104　绘制正多边形

3.9.4　项目 4：剖切符号的块创建和插入

为图 3-105 所示的半剖视图插入剖切符号。

1. 创建剖切符号

项目 4

单击【直线】或【多段线】命令，参考相关国家标准中关于机械制图的要求，绘制剖切符号，如图 3-106 所示。

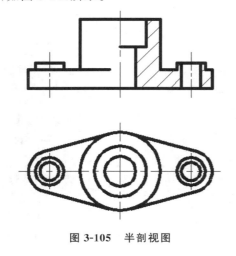

图 3-105　半剖视图　　　　　　　图 3-106　剖切符号

2．写块

创建的图块分为外部块和内部块。外部块以独立文件保存，可以插入任何图形中，并可以进行打开和编辑操作；内部块是指创建的图块保存在定义该图块的图形中，只能在当前图形使用，不能插入其他图形中。剖切符号在多个图形中都会应用，创建外部块更为方便。

在命令行中输入 wblock 或 w，按回车键。执行命令后，弹出【写块】对话框，如图 3-107 所示。

- 【源】：默认为【对象】。
- 【基点】：单击图 3-106 中的 A 点。
- 【对象】：单击【选择对象】前的 ⬛ 按钮后，单击鼠标左键，框选剖切符号。

【目标】：默认路径为 C:\Documents and Settings\Administrator\桌面\新块.dwg，单击 ⬜ 可根据需要修改路径。

单击【确定】按钮，完成写块操作。

3．插入块

单击【插入】→【块】或输入 insert 或 i 并按回车键，弹出【插入】对话框，如图 3-108 所示。

图 3-107　【写块】对话框

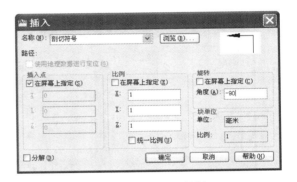

图 3-108　【插入】对话框

单击【浏览】按钮来选择剖切符号块文件。

【插入点】：单击鼠标左键，再单击水平轴线右端点，如图 3-109 所示。

【比例】：默认为 1。

【旋转】：将剖切符号旋转－90°，即顺时针旋转 90°为所需的剖切符号。

设置完成后，单击【确定】按钮。

单击【镜像】命令 ⯅，单击右侧剖切符号，以中间圆的圆心所在竖直轴线为镜像线，镜像出左侧剖切符号，如图 3-110 所示。

3.9.5　项目 5：创建明细栏样式

创建图形文件，先对其进行文字、图层设置，方法参照前文。

1．创建表格样式

单击菜单【格式】→【表格样式】或者在命令行中输入 tablestyle 并按回车键。

执行命令后，弹出【表格样式】对话框，如图 3-111 所示。

项目 5

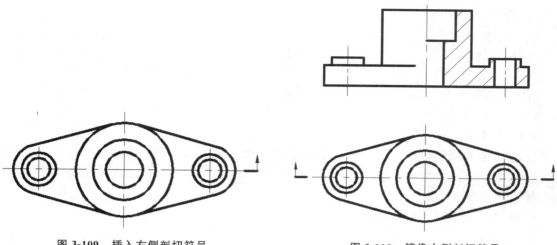

图 3-109　插入右侧剖切符号　　　　　图 3-110　镜像右侧剖切符号

在图 3-111 中，单击【新建】按钮，弹出【创建新的表格样式】对话框（见图 3-112），在该对话框的【新样式名】文本框中输入【明细栏】，单击【继续】按钮，打开【新建表格样式：明细栏】对话框，如图 3-113 所示。

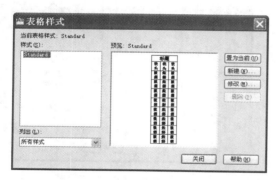

图 3-111　【表格样式】对话框

图 3-112　创建新的表格样式

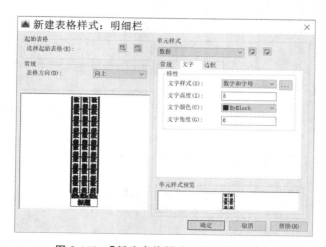

图 3-113　【新建表格样式：明细栏】对话框

【起始表格】:可以在图形中指定一个表格做样例,如默认图示表格。

【表格方向】:"向下"为创建由上向下的表格,"向上"为创建由下向上的表格。本例选择"向上"。

【单元样式】:有标题、表头、数据三种样式,每种样式有 3 个选项卡,即【常规】、【文字】、【边框】。

如图 3-114 所示,数据单元样式中【常规】选项卡中【对齐】选择【正中】,【页边距】设置为 0.5 (水平和垂直均为 0.5)。【文字】选项卡中【文字样式】为【数字和字母】,【文字高度】为 5,【边框】选项卡中【线宽】取 0.5,应用于左边框和右边框。

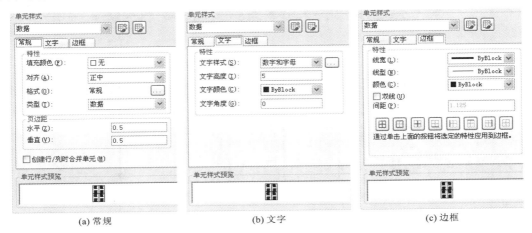

(a) 常规　　　　　　　　　　(b) 文字　　　　　　　　　　(c) 边框

图 3-114　数据单元样式设置

表头单元样式里【常规】选项卡中【对齐】为【正中】,页边距为 0.5,【文字】选项卡中【文字样式】为长仿宋体,【文字高度】为 5,【边框】选项卡中【线宽】为 0.5,应用于所有边框。

明细栏没有标题,可以不设置。

2. 插入表格

命令行:输入 table,按回车键。

单击【绘图】→【表格】,弹出【插入表格】对话框,如图 3-115 所示。

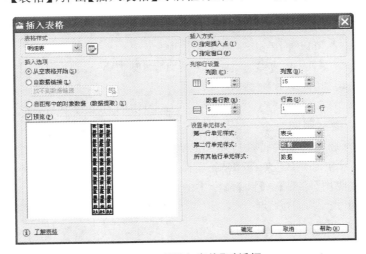

图 3-115　【插入表格】对话框

【表格样式】:明细表。

【插入选项】:从空表格开始。

【插入方式】:指定插入点。

【列和行设置】:列数为 5,列宽为 15,数据行数为 5,行高为 1。

【设置单元样式】:第一行单元样式选择“表头”,第二行单元样式选择“数据”,所有其他行单元样式选择“数据”。

设置完成后,单击【确定】按钮,在绘图区指定一个表格插入点,插入表格,如图 3-116 所示。图 3-117 所示为明细栏示例。

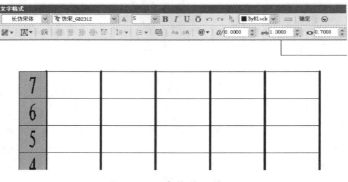

图 3-116　表格单元输入

4	丝杆	1	45	
3	调节螺母	1	35	
2	紧定螺钉	1		GB/T85
1	底座	1	HT150	
序号	名称	数量	材料	备注

图 3-117　明细栏示例

习　　题

一、单选题

1. 下面哪个对象不可以使用 pline 命令来绘制?(　　)

A.圆弧　　B.直线　　C.椭圆弧　　D.具有宽度的直线

2. 应用相切、相切、相切方式画圆时,(　　)。

A.不需要指定圆的半径和圆心　　B.相切的对象必须是直线

C.从下拉菜单中激活画圆命令　　D.不需要指定圆心,但要输入圆的半径

3. 下列命令中将选定对象的特性应用到其他对象的是(　　)。

A.AutoCAD设计中心　　B.“夹点”编辑　　C.特性匹配　　D.特性

4. 在制图中,常使用【绘图】→【圆】命令中的(　　)子命令绘制连接弧。

A.相切、相切、半径　　B.三点　　C.相切、相切、相切　　D.圆心、半径

二、多选题

1. 使用圆心(CEN)捕捉类型可以捕捉到以下哪几种图形的圆心位置?(　　)

A.圆　　B.圆弧　　D.椭圆弧　　C.椭圆

2. 执行特性匹配可以将(　　)所有目标对象的颜色修改成源对象的颜色。

A.OLE 对象　　B.长方体对象　　C.圆对象　　D.直线对象

3. 在 AutoCAD 中,可以创建打断的对象有圆、直线、射线和以下哪几种对象?（　　　　）

A.圆弧　　　　　　　　B.构造线　　　　　　　C.样条曲线　　　　　　D.多段线

4. 在设置绘图单位时,系统提供的长度单位类型中,除了小数,还有(　　　　)。

A.建筑　　　　　　　　B.分数　　　　　　　　C.科学　　　　　　　　D.工程

三、绘图题

绘制如图 3-118～图 3-123 所示的图形。

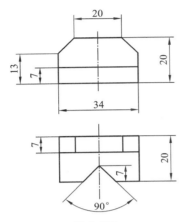

图 3-118

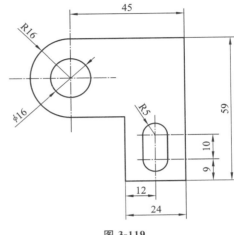

图 3-119

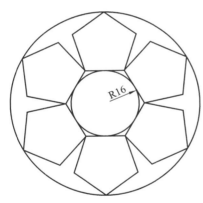

图 3-120

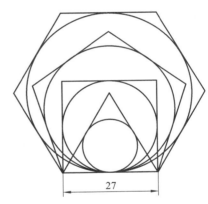

图 3-121

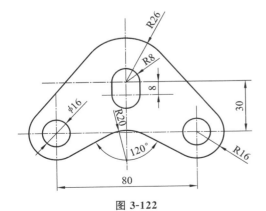

图 3-122

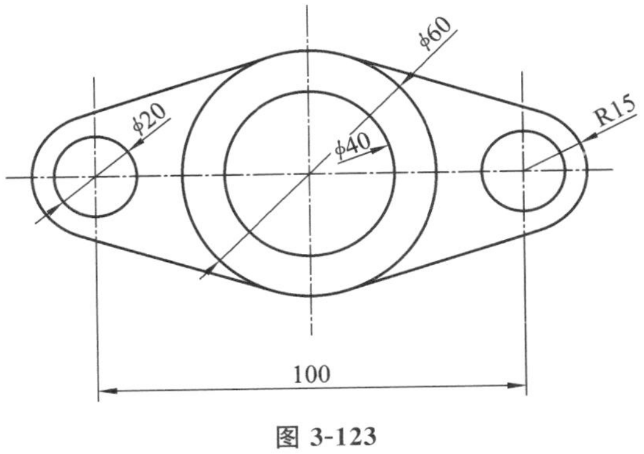

图 3-123

第4章

基本编辑命令

【本章提要】

AutoCAD拥有不错的编辑功能,可以对已有的图形对象进行移动、旋转、缩放、复制、删除等操作,可以帮助用户保证作图准确度、减少重复绘图、提高绘图速度。本章将编辑命令分成几大类:删除类命令主要对对象的部分或全部进行删除,复制类命令对编辑对象进行一个或多个的复制,位移类命令对编辑对象进行位置的改变,形变类命令对编辑对象进行形状的改变。

【学习目标】

- 掌握常用的图形编辑命令。
- 掌握常用的对象编辑方法。

◀ 4.1 删除类命令 ▶

删除类命令主要是对绘图过程中的辅助线和图形进行全部或者部分删除的命令。在AutoCAD中,主要的删除类命令有【删除】、【修剪】和【打断】。

4.1.1 删除图形

【删除】命令可以对绘图过程中的图形进行完全删除。可以使用以下方法启用。

- 菜单:【修改】→【删除】。
- 工具栏:单击【修改】工具栏 中的 按钮。
- 命令行:输入 erase 或 e,按回车键。
- 快捷菜单:如图 4-1 所示。

执行命令后,命令行提示如下。

```
命令:_erase
选择对象:找到 1 个
```

根据前面所讲的图形选择对象方法选择需要删除的图形,这种删除图形只是临时性的,除非是退出AutoCAD或者存盘了,用 undo(连续)或 oops(最近一次)命令可以恢复删除的实体。

选择对象后,直接按键盘上的 Delete 键,也可以删除对象。

例如:以矩形对角线交点为圆心绘制两个同心圆,然后将对角线删除,最后恢复。

命令行提示如下。

```
命令:_erase
选择对象:找到 1 个                          //单击图 4-2(a)中的对角线 1
选择对象:找到 1 个,总计 2 个                 //单击图 4-2(a)中的对角线 2 后按回车键
选择对象:                                  //回车,得到图 4-2(b)
命令:oops
```

输入 oops 后按回车键,对角线就会恢复。

图 4-1　快捷菜单【删除】

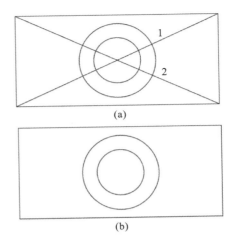

图 4-2　删除对角线

4.1.2　修剪图形/延伸对象

1. 修剪图形

修剪可按指定的对象边界裁剪对象,将多余图线去掉。可以使用以下方法启用。

- 菜单:【修改】→【修剪】。
- 工具栏:单击【修改】工具栏中的修剪按钮。
- 命令行:输入 trim 或者 tr,按回车键。

常用的操作方法:

启动修剪命令后,在选择剪切边时,不选择任何对象,直接按回车键(或单击鼠标右键),则所有对象都可以为剪切边,此时只需单击鼠标左键选择剪切边。

命令行的提示为如下。

> 命令:_trim
> 选择剪切边…
> 选择对象或<全部选择>:　　　　　　　　//在空白处单击鼠标右键或直接按回车键,可以修剪任意对象
> 选择要修剪的对象,或按住 Shift 键选择要延伸的对象,或
> [栏选(F)/窗交(C)/投影(P)/边(E)/删除(R)/放弃(U)]:
> 　　　　　　　　　　　　　　　　　//鼠标左键直接单击要修剪的对象,剪去所选对象

例如,将图 4-3(a)中的图形修剪为键槽断面轮廓图[见图 4-3(c)]。

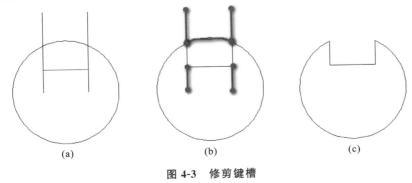

图 4-3　修剪键槽

```
命令:_trim
当前设置:投影=UCS,边=无
选择剪切边…
选择对象或<全部选择>:                                              //直接按回车键
选择要修剪的对象,或按住 Shift 键选择要延伸的对象,或
[栏选(F)/窗交(C)/投影(P)/边(E)/删除(R)/放弃(U)]:              //单击 4 条线段和一段圆弧
选择要修剪的对象,或按住 Shift 键选择要延伸的对象,或
[栏选(F)/窗交(C)/投影(P)/边(E)/删除(R)/放弃(U)]:
选择要修剪的对象,或按住 Shift 键选择要延伸的对象,或
[栏选(F)/窗交(C)/投影(P)/边(E)/删除(R)/放弃(U)]:
选择要修剪的对象,或按住 Shift 键选择要延伸的对象,或
[栏选(F)/窗交(C)/投影(P)/边(E)/删除(R)/放弃(U)]:
选择要修剪的对象,或按住 Shift 键选择要延伸的对象,或
[栏选(F)/窗交(C)/投影(P)/边(E)/删除(R)/放弃(U)]:
选择要修剪的对象,或按住 Shift 键选择要延伸的对象,或
[栏选(F)/窗交(C)/投影(P)/边(E)/删除(R)/放弃(U)]:
选择对象或<全部选择>: 找到 1 个                                    //单击圆后回车
选择对象:
选择要修剪的对象,或按住 Shift 键选择要延伸的对象,或
[栏选(F)/窗交(C)/投影(P)/边(E)/删除(R)/放弃(U)]:              //单击要修剪的直线段
选择要修剪的对象,或按住 Shift 键选择要延伸的对象,或
[栏选(F)/窗交(C)/投影(P)/边(E)/删除(R)/放弃(U)]:              //单击要修剪的直线段
```

2. 延伸对象

延伸对象与修剪对象的作用正好相反,它可以将对象延伸到所选的边界。可以使用以下方法启用。

- 菜单:【修改】→【延伸】。
- 工具栏:单击【修改】工具栏中的延伸按钮。
- 命令行:输入 extend 或 ex,按回车键。

命令行提示如下。

```
命令:_extend
当前设置:投影=UCS,边=无
选择边界的边…
选择对象或<全部选择>:找到 1 个                                    //此时要选择延伸到的边界
选择对象:
选择要延伸的对象,或按住 Shift 键选择要修剪的对象,或
[栏选(F)/窗交(C)/投影(P)/边(E)/放弃(U)]:                      //选择延伸的对象
```

例如,运用【修剪】命令和【延伸】命令,将图 4-4(a)绘制成图 4-4(b)。

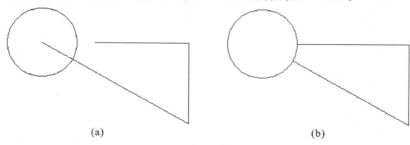

(a)   (b)

图 4-4   用【修剪】和【延伸】命令绘制图形

作图步骤：

（1）单击【修剪】命令后直接按回车键（或单击右键），鼠标左键单击圆内的直线；

（2）单击【延伸】命令，左键单击圆后按回车键（或单击右键），鼠标左键单击水平直线。

4.1.3 打断与分解

1. 打断对象

打断对象是删除对象上某一部分或将一个整体分成两半。启用的方法如下。

- 菜单：【修改】→【打断】。
- 工具栏：单击【修改】工具栏中的 按钮。
- 命令行：输入 break 或 br，按回车键。

例如，将图 4-5（a）所示中圆弧打断，结果如图 4-5（c）所示。操作过程如下。

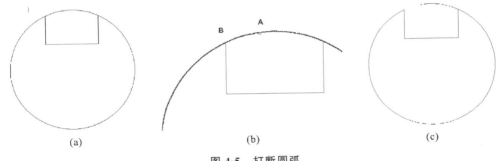

（a） （b） （c）

图 4-5 打断圆弧

执行打断命令后命令行提示如下。

命令：_break
选择对象：
//左键点选要断开的对象（单击圆，此时拾取框的位置在图 4-5（b）中的 A 点，默认此点为第一个断开点）
指定第二个打断点或［第一点（F）］： //指定第二个断开点（单击 B 点）或输入 F 指定一个点

注意：打断圆弧时，打断圆弧起点和终点默认为逆时针方向。

2. 分解

分解命令用于将一个对象分解为多个单一的对象，主要应用于整体图形、图块、文字、尺寸标注等对象的分解。

- 菜单：【修改】→【分解】。
- 工具栏：单击【修改】工具栏中的【分解】按钮 。
- 命令行：输入 explode，按回车键。

按要求选择要分解的对象，选中对象后按回车键，即完成操作。

◀ 4.2 复制类命令 ▶

绘图过程中，常常遇到图形相同或相似的对象，它们可以由复制、镜像、偏移和阵列等命令得到。

4.2.1 复制图形

复制图形可以避免重复劳动，是一种很重要的编辑方法。

1. 剪贴板复制

剪贴板是一种实用性很强的工具,可以将复制图形粘贴到其他应用程序或另一个图形文件中。

• 菜单:【编辑】→【带基点复制】。

菜单【编辑】→【复制】与【带基点复制】:图形粘贴在剪贴板上,需要再粘贴。

菜单【修改】→【复制】:图形内部文档进行复制,不能粘贴。

区别:【编辑】中的复制命令不需要基准插入点,而【修改】中的复制命令需要指定插入点,以确定粘贴的位置。

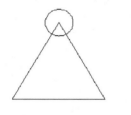 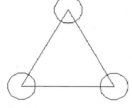

2. 文件内部复制

在AutoCAD文件内部对图形进行复制。

• 菜单:【修改】→【复制】。

• 工具栏:单击【修改】工具栏中的 按钮。

• 命令行:输入 copy 或 co,按回车键。

图 4-6 复制图

如图 4-6 所示,在三角形的三个顶点处均分布 3 个半径为 15 的小圆,其操作如下。

```
命令:_circle
指定圆的圆心或[三点(3P)/两点(2P)/切点、切点、半径(T)]:
指定圆的半径或[直径(D)]:15
命令:_copy
选择对象:找到 1 个
选择对象:                                              //按回车键
当前设置:复制模式=多个
指定基点或[位移(D)/模式(O)]<位移>:                     //拾取半径为 15 的圆的圆心
指定第二个点或<使用第一个点作为位移>:                    //选择三角形的角点
指定第二个点或[退出(E)/放弃(U)]<退出>:
```

连续选择三角形角点继续复制,直至完成所需复制的图形,按回车键即可。

4.2.2 镜像

在绘制对称图形时,用镜像命令可以将已经绘制的图形对称地复制过来,大大地提高了绘图速度。启用的方法如下。

• 菜单:【修改】→【镜像】。

• 工具栏:单击【修改】工具栏中的 按钮。

• 命令行:输入 mirror 或 mi,按回车键。

镜像线是辅助线,完成镜像后不再显示。例如,对图 4-7(a)所示图形进行镜像,结果如图 4-7(b)所示。

```
命令:_mirror
选择对象:找到 1 个
选择对象:
指定镜像线的第一点:                          //单击图 4-7(a)中的 A 点
指定镜像线的第二点:                          //单击 B 点(注:所选点只要在镜像线上即可)
```

确定镜像线后,命令行提示如下。

```
要删除源对象吗?[是(Y)/否(N)]<N>:
```

默认为不删除源对象;若要删除,在命令行中输入"Y"。

镜像命令也可以用于文本的镜像,但是要注意文本的顺序。【全部镜像】是文本顺序对称的

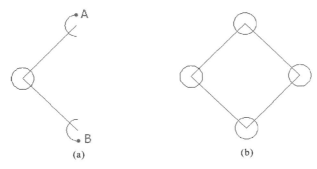

图 4-7   镜像图形

镜像,【部分镜像】是文本文字不发生改变的镜像。改变系统变量"mirrtext"可以实现它们之间的切换,当其为 0 时,文本为部分镜像,当其为 1 时,文本为全部镜像。

(1) mirrtext 变量设置为 0,文字可读。

> 命令:_mirror
> 选择对象:指定对角点:找到 4 个
> 选择对象:
> 指定镜像线的第一点:指定镜像线的第二点:<正交开>
> 要删除源对象吗?[是(Y)/否(N)]<N>:

结果如图 4-8(a)所示。

(2) mirrtext 变量设置为 1,文字不可读。

> 命令:mirrtext
> 输入 MIRRTEXT 的新值<0>:1
> 命令:_mirror
> 选择对象:指定对角点:找到 4 个
> 选择对象:
> 指定镜像线的第一点:指定镜像线的第二点:
> 要删除源对象吗?[是(Y)/否(N)]<N>:

结果如图 4-8(b)所示。

4.2.3   偏移

偏移可用于创建直线、圆弧、二维多段线、构造线等的平行或者等距离的新对象。启用的方法如下。

- 菜单:【修改】→【偏移】。
- 工具栏:单击【修改】工具栏中的偏移按钮。
- 命令行:输入 offset 或 o,按回车键。

例如,对图 4-9(a)所示图形进行偏移,结果如图 4-9(b)所示。

> 命令:_offset
> 当前设置:删除源=否   图层=源   OFFSETGAPTYPE=0
> 指定偏移距离或[通过(T)/删除(E)/图层(L)]<通过>:10   //需大于 0
> 选择要偏移的对象,或[退出(E)/多个(M)/放弃(U)]<退出>: //单击要偏移的对象(只能直接拾取)
> 指定要偏移的那一侧上的点,或[退出(E)/多个(M)/放弃(U)]<退出>:   //单击要偏移的一侧
>   //如输入"M",则可以连续进行偏移,不用选择对象
> 选择要偏移的对象,或[退出(E)/放弃(U)]<退出>:   //按回车键结束命令

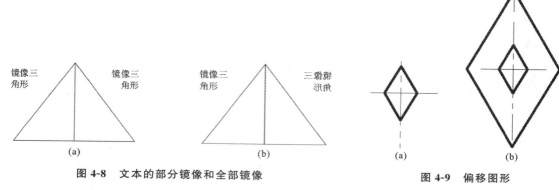

图 4-8　文本的部分镜像和全部镜像　　　　图 4-9　偏移图形

需要注意:

(1) 圆弧偏移前后的包含角是一样的,但长度有变化;

(2) 圆或者椭圆偏移前后的圆心相同,但轴长会发生变化;

(3) 线段、构造线或者射线偏移时,是平行的复制。

4.2.4　阵列

阵列其实是有规律地复制图形对象,可分为矩形阵列、环形阵列和路径阵列,下面对常用的前两种进行讲解。

1. 矩形阵列

矩形阵列是按照行列复制对象,在复制前需要确定阵列的行列数。打开方式具体如下。

- 菜单:【修改】→【阵列】。
- 工具条:单击【修改】工具栏中的 ⊞ 按钮。
- 命令行:输入 array 或者 ar,按回车键。
- 命令行:输入 arrayclassic,按回车键。

执行【阵列】命令后,系统将弹出【阵列】对话框,如图 4-10 所示。

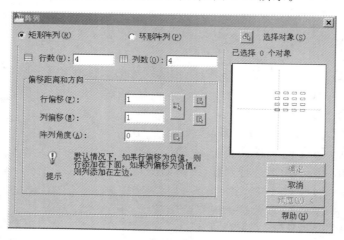

图 4-10　【阵列】对话框(矩形阵列)

　　【行数】、【列数】:默认为 4,重新设置后,AutoCAD 将用户重新设置的值设置为下一次行列数的默认值。

【行偏移】:阵列间的行距。其值为正时,AutoCAD将向上阵列对象;其值为负时,将向下阵列对象。

【列偏移】:阵列间的列距。其值为正时,AutoCAD将向右阵列对象;其值为负时,将向左阵列对象。

【阵列角度】:阵列时的实体角度,默认为0°(X轴的正方向)。其值为正,阵列沿逆时针转动一定角度;其值为负,阵列沿顺时针转动一定角度。

【选择对象】:单击该项可以选择阵列对象。

注意:行偏移、列偏移和阵列角度除了直接输入编辑框中的数字,也可单击图 4-11 所示的拾取按钮,在图中拾取长度值。

单击【预览】按钮,可随时进行预览。

例如,图 4-12 所示的10×10的正方形,在【阵列】对话框中设置【行偏移】为 20,【列偏移】为 20,【阵列角度】为 45,单击【选择对象】,从绘图窗口拾取矩形后按回车键;回到【阵列】对话框,单击【预览】按钮,单击【确定】按钮,完成阵列,如图 4-12 所示。

图 4-11　拾取行、列偏移

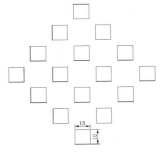

图 4-12　阵列正方形

2. 环形阵列

环形阵列即按环形复制图形,在【阵列】对话框中单击【环形阵列】即可得到其设置界面,如图 4-13 所示。

【中心点】:坐标输入 X、Y 值为中心点直角坐标,或者单击其后的 按钮确定中心点。

以图 4-14 为例,环形阵列小圆,阵列中心为大圆圆心。

【项目总数】设为 5,【填充角度】为 360,【项目间角度】设为 72,结果如图 4-14 所示。

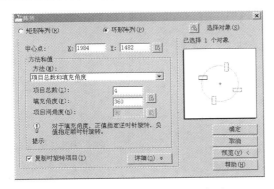

图 4-13　【阵列】对话框(环形阵列)

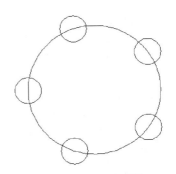

图 4-14　环形阵列圆

◄ **4.3　位移类命令** ►

位移类命令的作用主要是移动或旋转图形对象,使其位置发生改变。

4.3.1　移动

利用移动命令可以把图形对象移动到任意指定位置。启用的方法如下。
- 菜单:【修改】→【移动】。
- 工具栏:单击【修改】工具栏中的 ✛ 按钮。
- 命令行:输入 move 或 m,按回车键。

执行移动命令后,命令行提示如下。

命令:_move
选择对象:　　　　　　　　　　　　　　　　　　　//选择需要移动的对象,单击鼠标右键或回车
选择对象:
指定基点或[位移(D)]<位移>:　　　　　　　　　　　　　　　　　　　//选择基点
指定第二个点或<使用第一个点作为位移>:　　　　　　　　//鼠标左键单击要移动到的位置

例如,用移动命令将圆移动到矩形的某个角点,如图 4-15 所示。

(a) 绘制圆和矩形　　　　　　　　　(b) 移动小圆至矩形角点

图 4-15　移动圆示例

(1) 绘制圆和矩形。
(2) 单击移动命令,选择圆的圆心为基点。
(3) 以矩形角点为目标点,将圆移动至角点上。

4.3.2　旋转

用旋转命令可以将对象以顺时针或以逆时针旋转任何角度。启用的方法如下。
- 菜单:【修改】→【旋转】。
- 工具栏:单击【修改】工具栏中的 ⟳ 按钮。
- 命令行:输入 rotate 或 ro,按回车键。

命令行提示如下。

命令:_rotate
UCS 当前的正角方向:ANGDIR=逆时针　ANGBASE=0
选择对象:找到 1 个　　　　　　　　　　　　　　//选择需要旋转的对象,单击鼠标右键
指定基点:　　　　　　　　　　　　　　　　　　　　//单击鼠标左键选择基点
指定旋转角度,或[复制(C)/参照(R)]<90>:　　　　　　　　　　　　　//输入角度

注意事项如下。
(1) 正值为逆时针,负值为顺时针。
(2) 输入 R,以参照方式旋转,命令行提示如下。

指定参照角<0>: //确定参照方向和参照旋转角。参照角默认为 0,直角坐标的 X 轴方向
指定新角度或[点(P)]<0>: //输入新角度

(3) 输入 C,则对其图形进行旋转,同时保留了原来的图形。

例如,对三角形以复制的形式旋转 45°。

①绘制三角形,如图 4-16(a)所示。

②执行旋转命令,单击选取左下角点为基点。

③输入 C 后按回车键。

④输入 45°,结果如图 4-16(b)所示。

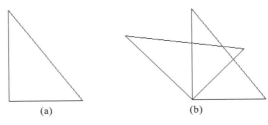

(a)   (b)

图 4-16   旋转复制的三角形

4.4   形变类命令

形变类命令可以按需要改变对象的大小或者形状,如缩放、拉伸、修剪、圆角、倒角等。

4.4.1   对象缩放

缩放命令可以使对象按比例变大或变小,也可以通过基点、长度或比例因子来缩放。启用的方法如下。

- 菜单:【修改】→【缩放】。
- 工具栏:单击【修改】工具栏中的 按钮。
- 命令行:输入 scale 并按回车键。

命令行提示如下。

命令:_scale
选择对象:找到 1 个 //单击缩放对象
选择对象:
指定基点: //鼠标左键单击缩放基点(即缩放中心)
指定比例因子或[复制(C)/参照(R)]<1.0000>:

(1) 比例因子大于 1 为放大比例,小于 1 为缩小比例,等于 1 为原值比例(即大小保持不变)。

(2) 输入 C 后按回车键,将保留原来的图形对象。

(3) 输入 R 后按回车键,命令行将提示如下。

指定参照长度<1.0000>: //单击需要参考对象第 1 点
指定第二点:再单击参考对象第 2 点(参考长度为第 1,2 点连线的长度)
指定新的长度或[点(P)]<1.0000>: //输入新长度

例如,将图 4-17(a)所示六边形按比例缩小 0.5,将六边形按边长 50 进行缩放。

(1) 绘制六边形。

命令:_polygon 输入边的数目<4>:6 //输入 6 后按回车键
指定正多边形的中心点或[边(E)]:e
指定边的第一个端点:
指定边的第二个端点:

（2）单击工具栏中的缩放命令 █，以 A 点为基点，输入比例因子 0.5，得到图 4-17(b)。
命令行提示如下。

```
命令:_scale
选择对象:找到 1 个                                              //单击选择六边形
选择对象:
指定基点:                                                      //鼠标左键单击 A 点
指定比例因子或[复制(C)/参照(R)]<1.0000>:0.5
```

（3）输入 r，指定参照长度，单击点 A 后再单击点 B 按回车键，得到图 4-17(c)。

```
指定比例因子或[复制(C)/参照(R)]:r
指定参照长度 <206.2551>:                                        //单击 A 点
指定第二点:                                                     //单击 B 点
指定新的长度或[点(P)]<50.0000>:50
```

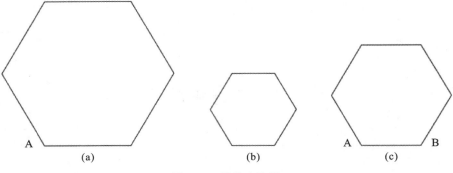

图 4-17　缩放六边形

4.4.2　对象拉伸

拉伸命令用于对象拉伸和压缩。启用的方法如下。

- 菜单:【修改】→【拉伸】。
- 工具栏:单击【修改】工具栏中的 ▣ 按钮。
- 命令行:输入 stretch，按回车键。

```
命令:_stretch
以交叉窗口或交叉多边形选择要拉伸的对象…
选择对象:
```

命令提示采用交叉窗口或交叉多边形选择要拉伸的对象，选择后，命令行提示如下。

```
指定基点或[位移(D)]<位移>:
```

确定基点后命令行提示如下。

```
指定第二个点或<使用第一个点作为位移>:
                   //确定第二个点的位置,用鼠标捕捉可看到绘图区域的图形被拉伸
```

在执行拉伸命令时要注意如下事项。

（1）用交叉方式选图形时，如果全部选中图形，对选中对象进行移动。

（2）如果部分选中图形，可对选中部分进行拉伸。

（3）若干对象（如圆或者椭圆、块）无法拉伸。

（4）拉伸仅移动位于窗口选择的顶点或端点，不更改那些位于窗口之外的顶点和端点，拉伸不可以修改三维实体、多段线宽度、切向或曲线拟合信息。

（5）一般用曲线框的选择模式来选择对象。

例如,对图 4-18(a)进行拉伸和移动。

作图步骤如下。

(1) 执行拉伸命令,全部选中矩形,指定基点为左下角点。

(2) 移动鼠标到任意位置单击鼠标左键完成移动,如图 4-18(b)所示。

(3) 执行拉伸命令,框选矩形左、右、下三边,指定基点为右下角点。

(4) 移动鼠标,选中三边被拉伸[见图 4-18(c)],单击鼠标左键完成。

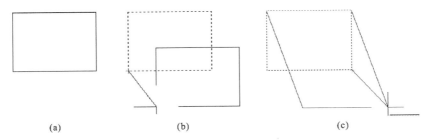

(a)   (b)   (c)

图 4-18　长方形拉伸与移动

4.4.3　倒角

倒角是指将尖角削平,实现对图形的修饰。启用倒角命令的方法如下。

- 菜单:【修改】→【倒角】。
- 工具栏:单击【修改】工具栏中的 ◿ 按钮。
- 命令行:输入 chamfer 或 cha,按回车键。

```
命令:_chamfer
("不修剪"模式) 当前倒角距离 1=0.0000,距离 2=0.0000
选择第一条直线或[放弃(U)/多段线(P)/距离(D)/角度(A)/修剪(T)/方式(E)/多个(M)]:
```

【多段线(P)】:对整段多段线执行倒角命令。AutoCAD 会对多段线每个顶点的相交直线进行倒角。如果包含的线段过短以至于无法容纳倒角距离,那么将不会对这些地方进行倒角。

【距离(D)】:设置倒角到端点的距离。

```
指定第一个倒角距离<当前值>:                              //倒角到第一条选定直线端点距离
指定第二个倒角距离<当前值>:                              //倒角到第二条选定直线端点距离
```

该距离可以相等,也可以不相等。

【角度(A)】:通过第一条线倒角距离和第二条线的角度设置倒角距离。

【修剪(T)】:用于控制是否将选定边修剪为倒角端点。注意:【修剪】模式下,TRIMMODE 系统变量设置为 1;【不修剪】模式下,TRIMMODE 系统变量为 0。修剪与不修剪的效果对比如图 4-19 所示。

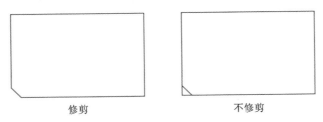

修剪   不修剪

图 4-19　修剪与不修剪效果对比

【方式(E)】:控制使用一个距离和一个角度来创建倒角。

4.4.4 圆角

启动圆角命令的方法如下。

- 菜单：【修改】→【圆角】。
- 工具栏：单击【修改】工具栏中的圆角按钮。
- 命令行：输入 fillet 或 f，并按回车键。

命令行提示如下。

```
命令:_fillet
当前设置:模式=修剪,半径=0.0000
选择第一个对象或[放弃(U)/多段线(P)/半径(R)/修剪(T)/多个(M)]:
```

与倒角相似，AutoCAD需要选择圆角的图形对象。

【多段线(P)】：用于将二维多段线中两相交线段的顶点插入圆弧。

【半径(R)】：设置圆角半径。

【修剪(T)】：用于控制AutoCAD是否将选定边修剪为倒圆线。

◀ 4.5 对象编辑 ▶

对象编辑主要是AutoCAD中用于编辑多线、多段线或样条曲线等特殊线条的具体方法。另外，对象在无任何命令状态下，本身可以用夹点编辑来完成一些简单的编辑命令。

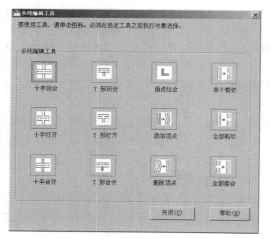

图4-20 【多线编辑工具】对话框

4.5.1 编辑多线

执行多线编辑命令后，会弹出【多线编辑工具】对话框，如图 4-20 所示，单击多线编辑工具对应的图标后，单击【确定】按钮，或者直接双击图标，两种方法都可以完成多线的编辑。

启动多线编辑命令的方式如下。

- 菜单：【修改】→【对象】→【多线】。
- 命令行：输入 mledit 并按回车键。
- 双击多线。

多线编辑工具有如下几种。

- 十字闭合：AutoCAD将打断第一条多线的所有元素，在两条多线间创建闭合的十字交点。系统提示如下。

```
选择第一条多线:                                          //选择垂直多线
选择第二条多线:                                 //选择水平多线,按回车键结束
```

完成闭合的十字交点，如图 4-21(a)所示；如果选择多线顺序更改，效果如图 4-21(b)所示。

- 十字打开：AutoCAD将打断第一条多线的所有元素，仅打断第二条多线的外部元素，在两条多线间创建打开的十字交点。

```
选择第一条多线:                                       //单击选择垂直多线
选择第二条多线:                                 //选择水平多线,按回车键结束
```

完成打开的十字交点,如图 4-22(a)所示。

- 十字合并 ⊞ :在两条多线间创建合并的十字交点。选择多线的顺序不重要。

| 选择第一条多线: | //单击选择垂直多线 |
| 选择第二条多线: | //单击选择水平多线,按回车键结束 |

完成合并的十字交点,如图 4-22(b)所示。

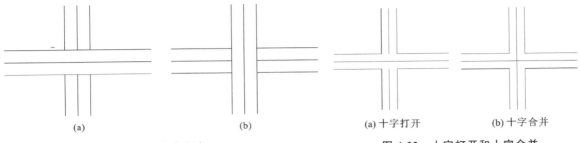

| (a) | (b) | (a)十字打开 | (b)十字合并 |

图 4-21 十字闭合   图 4-22 十字打开和十字合并

- T 形闭合 ⊤ :在两条多线间创建闭合的 T 形交点。AutoCAD 将第一条多线修剪或延伸到与第二条多线的交点处。需要注意的是,第一条多线被选中的一端保留下来,另一端被修剪。系统提示如下。

| 选择第一条多线: | //选择水平多线 |
| 选择第二条多线: | //单击选择垂直多线,按回车键结束 |

完成闭合的 T 形交点,如图 4-23(a)所示。

- T 形打开 ⊤ :在两条多线之间创建打开的 T 形交点。系统提示如下。

| 选择第一条多线: | //单击选择垂直多线 |
| 选择第二条多线: | //选择水平多线,按回车键结束命令 |

完成打开的 T 形交点,如图 4-23(b)所示。

- T 形合并 ⊤ :在两条多线之间创建合并的 T 形交点。AutoCAD 将多线修剪或延伸到与另一条多线的交点处。系统提示如下。

| 选择第一条多线: | //选择垂直多线 |
| 选择第二条多线: | //选择水平多线,按回车键结束命令 |

完成合并的 T 形交点,如图 4-23(c)所示。

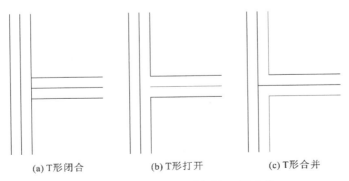

| (a)T形闭合 | (b)T形打开 | (c)T形合并 |

图 4-23 T 形闭合、T 形打开、T 形合并

- 角点结合 ∟ :在多线之间创建角点结合,将多线修剪或延伸到它们的交点。系统提示如下。

| 选择第一条多线: | //选择要修剪或延伸的多线 |
| 选择第二条多线: | //选择角点的另一半,按回车键结束 |

选择多线位置如图 4-24(a)所示,选择顺序不重要。完成角点结合的图形如图 4-24(b)所示。

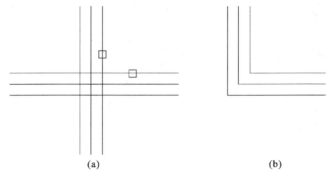

(a)   (b)

图 4-24   角点结合

- 添加顶点 : 向多线上添加一个顶点。执行命令后,系统提示如下。

选择多线: //在需添加顶点的位置单击多线

AutoCAD在选定点处添加顶点并显示效果(要显示效果需在多线样式对话框中勾选【显示连接】复选框)。选择多线位置如图 4-25(a)所示,添加顶点的效果如图 4-25(b)所示。

(a)   (b)

图 4-25   添加顶点

- 删除顶点 : 从多线上删除一个顶点。执行命令后系统提示如下。

选择多线: //选择多线

AutoCAD删除靠近选定点的顶点,如图 4-26 所示。

(a) 选择多线   (b) 删除顶点

图 4-26   删除顶点

- 单个剪切 : 剪切多线上的选定元素。执行命令后系统提示如下。

选择多线: //选择图 4-27(a)中多线上 A 点做第一个剪切点
选择第二个点: //在多线上选择 B 点做第二个剪切点

AutoCAD剪切由 A 点至 B 点之间的对象,如图 4-27(b)所示。

A   **B**

(a)选择剪切点   (b) 单个剪切

图 4-27   单个剪切

- 全部剪切 : 将多线剪切为两个部分。执行命令后系统提示如下。

选择多线: //选择多线,将多线上的选定点 A(见图 4-28(a))作为第一个剪切点
选择第二个点: //在多线上选择第二个剪切点 B

AutoCAD将剪切 A 到 B 之间的所有对象元素,如图 4-28(b)所示。

(a) 选择剪切点   (b) 全部剪切

图 4-28   全部剪切

- 全部接合 ⊞：将已被剪切的多段线重新接合起来。执行命令后系统提示如下。

     选择多线：   //AutoCAD 将多线上的选定点 A(见图 4-29(a))做接合的起点

     选择第二个点：   //多线上指定接合终点 B

AutoCAD 将 A 到 B 之间的全部对象接合起来，如图 4-29(b)所示。

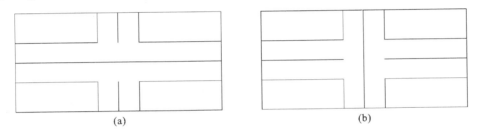

(a) 选择接合点   (b) 全部接合

图 4-29   全部接合

【例 4-1】   绘制如图 4-30 所示的图形。

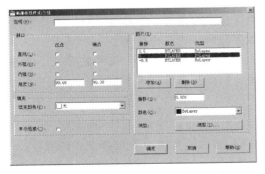

(a)

(b)

图 4-30   十字打开三线

（1）用矩形命令 ▭ 绘制出矩形。

（2）创建三线格式，单击菜单【格式】→【多线样式】，弹出【多线样式】对话框，单击【新建】按钮，弹出【创建新的多线样式】对话框，输入新样式名【三线】，单击【继续】按钮，弹出【新建多线样式：三线】对话框，按图 4-31 所示进行设置，并将三线样式设置为当前样式。

（3）将状态栏中【对象捕捉】中的"中点"打开。

（4）单击菜单【绘图】→【多线】，输入"J"并按回车键(J 为多线的对正方式)，输入"Z"并按回车键，绘制两条垂直相交的三线，如图 4-32 所示。

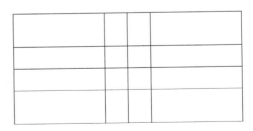

图 4-31   【新建多线样式：三线】对话框   图 4-32   绘制三线

（5）在命令行中输入 mledit，启动多线编辑命令，弹出【多线编辑工具】对话框。

（6）单击"十字打开" ⊞ 后，先单击垂直三线，后单击水平三线，得到图 4-30(a)；先单击水平三线，后单击垂直三线，得到图 4-30(b)。

4.5.2 编辑多段线

多段线是 AutoCAD 软件中一种非常特殊的线条,这种图形可用一些基本命令如 copy 等进行编辑。AutoCAD 提供了一种专用的编辑多段线的命令,即多段线编辑(pedit),使用它可以对多段线本身的特性进行修改,也可以将独立的首尾相接的多条线段合并成多段线。

启用的方法如下。

- 菜单:【修改】→【对象】→【多段线】。
- 工具栏:单击【修改】工具栏 中的 按钮。
- 命令行:输入 pedit 或者 pe 并按回车键。

命令启动后,命令行提示如下。

> 命令:_pedit 选择多段线或 [多条(M)]:
> 是否将其转换为多段线?<Y>   //回车
> 输入选项 [闭合(C)/合并(J)/宽度(W)/编辑顶点(E)/拟合(F)/样条曲线(S)/非曲线化(D)/线型生成(L)/反转(R)/放弃(U)]:

使用这些选项,可以修改多段线的长度、宽度,让多段线打开或闭合等,其中前 5 项为多段线整体编辑。

1. 打开或闭合多段线

(1)当编辑中的多段线非闭合时,在提示中会出现【闭合】选项;如果编辑中的多段线闭合时,则提示中会出现【打开】选项。

(2)如果打开一个使用 pline 多段线命令绘制的多边形,AutoCAD 会删除多段线中最后绘出的一段。如果打开用【多边形】和【矩形】命令绘制出的多边形或者矩形,AutoCAD 将删除拾取点所在的一段,以打开多边形或矩形。

2. 连接多段线

使用【合并】选项,可以将其他的多段线、直线或圆弧连接到正在编辑的多段线上,从而形成一条新的多段线。要往多段线上连接实体,必须与原多段线有一个共同的端点,或者与所选定的将要连接到多段线上的其他实体有共同的端点。

选择【合并】选项后,命令行提示【选择对象】,要求用户选择要连接的对象。可以选择多个对象进行连接,多个对象应该是首尾相连的。选择的方式可以是逐一选择,也可以用交叉或窗口方式选取。选择完毕后,按回车键确认,AutoCAD 将这些对象与原多段线连接。命令行会提示原多段线增加实体的数量,而被连接上的实体与原多段线成为一个整体。

有时有些实体和多段线端点看上去像是重合的,但事实上并未重合,这样的对象不能被连接。为了避免这种形似而实非的情况,在绘图中应多使用捕捉方式提高精度。

3. 修改多段线宽度

使用【宽度】选项,可以改变多段线的宽度,但只能使一条多段线具有统一的宽度,而不能分段设置,对于各段宽度不同的多段线,使用【宽度】选项后多段线将统一变成新设置的宽度。

4. 生成样条曲线与拟合

多段线中可以包含弧,使多段线各段之间以圆弧方式光滑相连,但 AutoCAD 还可以使用数学上的曲线拟合方式,生成贯彻整个多段线的光滑拟合曲线。

1)样条曲线

以原多段线的顶点为控制点,AutoCAD 可以由多段线生成样条曲线。多段线的顶点及其相互关系决定了样条曲线的路径。AutoCAD有 3 个系统变量,这 3 个变量可以改变所生成的样条曲线的外观。这 3 个系统变量是 SPLINESEGS、SPLFRAME 和 SPLINETYPE。在命令行中直接输入变量,可以对 3 个变量的值重新设置。

其中,SPLINESEGS 变量用于控制样条曲线的精度,最小值为 1,AutoCAD默认值为 8。此项设置的值越大,精度会越高,同时样条曲线生成速度会越慢,所占空间会越大。

SPLFRAME 变量决定是否在屏幕上显示多段线,其值为 1 时,样条曲线与原多段线一同显示;默认值为 0,表示不显示原多段线。

SPLINETYPE 变量用于控制产生样条曲线的类型,其值只能是 5 或 6,默认为 6。其值为 6 时,AutoCAD产生 3 次 β样条曲线;其值为 5 时,产生 2 次 β样条曲线。3 次 β样条曲线显得更平滑。

2) 拟合

对多段线进行拟合可通过在多段线的每一个顶点建立一些连续的圆弧,这些圆弧彼此的连接点相切。【拟合】下面没有起控制作用的子选项,用户不能直接控制多段线的曲线拟合方式。但可以使用【编辑顶点】中的【移动】和【切向】选项,通过移动多段线的顶点和控制某些顶点的方向来达到调整拟合曲线的目的。

5. 调整线型比例

【线型生成】选项用来控制多段线为非实体状态时的显示方式,即控制虚线或中心线等非实线型的多段线角点的连续性。选择该项,AutoCAD会给出如下提示。

输入多段线线型生成选项[开(ON)/关(OFF)]<当前选项>:

选择 ON,多段线角点关闭;选择 OFF,角点处是否封闭完全依赖于线型比例的控制。

6. 编辑多段线顶点

选择【编辑顶点】选项,AutoCAD将显示另一组选项,命令行提示如下。

下一个(N)/上一个(P)/打断(B)/插入(I)/移动(M)/重生成(R)/拉直(S)/切向(T)/宽度(W)/退出(X)<N>:

【下一个(N)】:可以使位置编辑逐一向前移动。【上一个(P)】则使之后退。这两个命令都是用来移动位置标记的。

【打断(B)】:使多段线在当前顶点处断开,成为两条新的多段线。

【插入(I)】:可以为多段线增加顶点。

【移动(M)】:重新确定当前顶点的位置。

【重生成(R)】:用于重画多段线,恢复表面消失但实际却存在的多段线。

【拉直(S)】:从一条多段线中移去多余的顶点。

【切向(T)】:可以给一个顶点增加切线方向,或给定一个角度,那么当曲线拟合时,【拟合】选项则使用这个切线方向,但切线角度对样条曲线无任何影响。指定角度可以从键盘输入,也可以用鼠标指定一点。

【宽度(W)】:可以为多段线的不同部分指定宽度,当起点和终点宽度不同时,AutoCAD将起点宽度用于当前点,终点宽度用于下一顶点。

【退出(X)】:退出顶点操作。

启动编辑多段线后,如果选择线段而不是多段线,AutoCAD将提示【是否转换为多段线?】<Y>,如使用默认项 Y,则将选定的直线和圆弧转换成多段线。

【例 4-2】 (1) 将图 4-33(a)所示的直角三角形编辑为线宽为 10 的多段线[见图 4-33(b)]。

(2) 将该多段线编辑为一条封闭的样条曲线,完成后如图 4-33(c)所示。

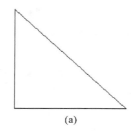
(a)

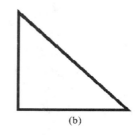
(b)

(c)

图 4-33　三角形的多段线编辑

【解题步骤】

（1）用直线命令绘制出直角三角形。

（2）在命令行中输入"pe"，启动 pedit 命令。

（3）命令行提示如下。

命令：_pedit 选择多段线或［多条(M)］：	//输入 m 后回车，拾取三角形
选择对象：找到 3 个	
是否将直线、圆弧和样条曲线转换为多段线？［是(Y)/否(N)？］<Y>	//回车将三角形变成多段线

选项提示下，选择【合并】，输入 j，命令行提示如下。

| 输入模糊距离或［合并类型(J)］<0.0000>： | //输入 0 或者直接按回车键 |

选项提示下，选择【宽度】，输入 w，命令行提示如下。

| 指定所有线段的新宽度： | //输入 10 后回车 |

选项提示下，选择【样条曲线】，输入 s 后回车。

4.5.3　编辑样条曲线

几种可以启动编辑样条曲线命令如下。

- 菜单：【修改】→【对象】→【样条曲线】。
- 命令行：输入 splinedit 或者 spe，按回车键。

命令行提示如下。

```
命令：_splinedit
选择样条曲线：
输入选项［打开(O)/闭合(C)/移动顶点(M)/优化(R)/反转(E)/转换为多段线(P)/放弃(U)/退出(X)］
<退出>：
```

【移动顶点(M)】：单击拟合点，将其移到新位置。

【优化(R)】：通过添加权值控制点和提高样条曲线阶数来修改样条曲线的定义。

【反转(E)】：修改样条曲线方向。

【例 4-3】　画一段样条曲线，使其闭合，并转化为多段线。

【解题步骤】

（1）用样条曲线命令画一段样条曲线，如图 4-34(a)所示。

（2）单击【修改】→【对象】→【样条曲线】，打开样条曲线编辑命令。

（3）在命令行中分别输入相关命令，完成样条曲线闭合和转换为多段线操作，效果如图 4-34(b)、(c)所示。

```
命令：_splinedit
选择样条曲线：                                              //单击样条曲线
输入选项［打开(O)/闭合(C)/移动顶点(M)/优化(R)/反转(E)/转换为多段线(P)/放弃(U)/退出(X)］
<退出>：c
输入选项［打开(O)/闭合(C)/移动顶点(M)/优化(R)/反转(E)/转换为多段线(P)/放弃(U)/退出(X)］
<退出>：p
```

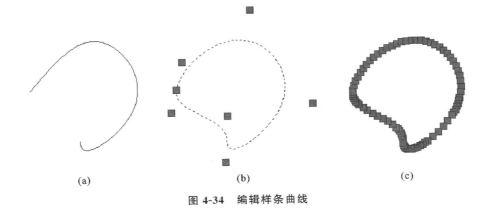

(a)　　　　　　　(b)　　　　　　　(c)

图 4-34　编辑样条曲线

4.5.4　夹点编辑

编辑图形时,用户需要对某一图形对象进行复制、移动等一系列命令。除了用基本编辑命令完成对象编辑,还可以在无命令状态下,用夹点对对象进行便捷的编辑。本节介绍使用夹点编辑图形。

1. 夹点的设置

当 AutoCAD 没有执行任何命令时,用鼠标左键单击图形,在图形对象上会出现多个色块,这些小方块均处在图形的特征点(比如圆心、端点、中点)上,这些特征点称为夹点(见图 4-35)。

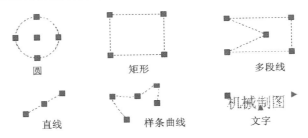

圆　　　　　　矩形　　　　　　多段线

直线　　　　样条曲线　　　　文字

图 4-35　常见图形的夹点

夹点有冷态和热态之分。热态时即被激活,此时夹点呈高亮显示,可以使用夹点的编辑方式对图形对象进行编辑(比如复制、移动等);冷态时未被激活,用鼠标单击对象可以激活对象。激活的夹点呈高亮显示,或颜色、形式与冷夹点有区别。

夹点的位置可以根据自己的需要设置,设置方法如下。

(1) 无命令执行情况下单击右键的快捷菜单,选择【选项】命令,弹出如图 4-36 所示的对话框。

(2) 在该对话框内选择【启用夹点】,可对夹点进行设置。

2. 使用夹点编辑

使用夹点可以对图形进行拉伸、移动、旋转、缩放等操作。使用夹点编辑一般有如下两种形式。

(1) 夹点处于热态,按空格或回车键切换,在拉伸、移动、缩放中选择。命令提示如下。

　　＊＊拉伸＊＊
　　指定拉伸点或［基点(B)/复制(C)/放弃(U)/退出(X)］:

(2) 夹点处于热态,单击鼠标右键,弹出夹点编辑菜单(见图 4-37),选择其中的某项命令进行操作。

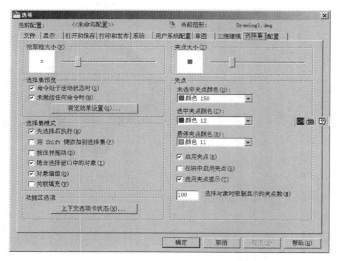

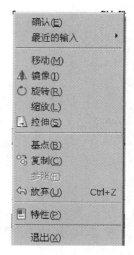

图 4-36 【选项】对话框（夹点设置）　　　　图 4-37 夹点编辑菜单

【例 4-4】 对直径为 281 的圆进行编辑。

（1）画一个半径为 140.5 的圆，单击圆，使其上"冷点"激活为"热点"，如图 4-38 所示，单击鼠标右键，在弹出的快捷菜单中单击【缩放】，按照如下操作画出其他三个圆。

```
命令：_scale 找到 1 个
指定基点：                                        //单击圆的下象限点
指定比例因子或 [复制(C)/参照(R)]：c                //输入 c 后按回车键
缩放一组选定对象。
指定比例因子或 [复制(C)/参照(R)]：0.8             //输入 0.8
命令：_scale 找到 1 个
指定基点：                                        //单击大圆的下象限点
指定比例因子或 [复制(C)/参照(R)]：c                //输入 c 后按回车键
缩放一组选定对象。
指定比例因子或 [复制(C)/参照(R)]：0.6             //输入 0.6
命令：_scale
选择对象：找到 1 个
选择对象：
指定基点：                                        //单击大圆的下象限点
指定比例因子或 [复制(C)/参照(R)]：c                //输入 c 后按回车键
缩放一组选定对象。
指定比例因子或 [复制(C)/参照(R)]：0.4             //输入 0.4
```

绘制结果如图 4-39 所示。

（2）画出半径为 25 的三个相切小圆。

```
命令：_circle
指定圆的圆心或 [三点(3P)/两点(2P)/切点、切点、半径(T)]：_ttr    //输入 t
指定对象与圆的第一个切点：                         //在圆弧附近单击拾取切点
指定对象与圆的第二个切点：                         //在圆弧附近单击拾取切点
指定圆的半径 <25.0000>：25                        //输入 25
```

图 4-38 激活圆后的右键菜单

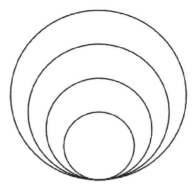

图 4-39 画三圆

（3）修剪多余圆弧。

```
命令：_trim
当前设置：投影=UCS，边=无
选择剪切边 …
选择对象或 <全部选择>：
选择要修剪的对象，或按住 Shift 键选择要延伸的对象，或
［栏选(F)/窗交(C)/投影(P)/边(E)/删除(R)/放弃(U)］：
选择要修剪的对象，或按住 Shift 键选择要延伸的对象，或
［栏选(F)/窗交(C)/投影(P)/边(E)/删除(R)/放弃(U)］：
选择要修剪的对象，或按住 Shift 键选择要延伸的对象，或
［栏选(F)/窗交(C)/投影(P)/边(E)/删除(R)/放弃(U)］：
选择要修剪的对象，或按住 Shift 键选择要延伸的对象，或
［栏选(F)/窗交(C)/投影(P)/边(E)/删除(R)/放弃(U)］：
```

绘制结果如图 4-40(a)所示。

（4）对圆弧进行镜像。

```
选择对象：                              //单击三个圆弧
指定镜像线的第一点：                    //大圆的圆心
指定镜像线的第二点：                    //小圆的圆心
要删除源对象吗？［是(Y)/否(N)］<否>：N   //回车
```

镜像结果如图 4-40(b)所示。

4.5.5 对象特性

对象特性分为一般特性和几何特性，前者包含颜色、图层、线型等，后者包括尺寸和位置，可以直接在窗口中设置和修改。

1. 对象特性窗口

在 AutoCAD 绘图中，每个图形实体都有各自的图层、线型、颜色、线宽等，这些图形的特性在绘制时已经定义，绘制完后即显示出来。如果选择对象为单独对象，对象特性窗口中显示当前对象的特性；如果选择多个对象，将显示对象的共有特性，用户可以根据需要修改单个对象的

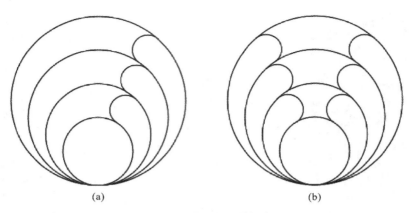

图 4-40　绘制圆弧并镜像

特性,也可以选择多个对象后修改其共有特性。启用的方法如下。
- 菜单:【修改】→【特性】。
- 工具栏:单击【标准】工具栏中的特性▣按钮。
- 命令行:输入 properties 或 pr 并按回车键。

打开【特性】选项板,可以浏览或修改对象的特性,如图 4-41 所示。

【特性】选项板中有些特性是可以编辑的,有的则不允许编辑。
- 【快速选择】按钮▨:打开对话框,方便选择目标实体。
- 【选择对象】按钮▨:选择图形实体。

2. 编辑图形特性

选择的目标实体不同,【特性】选项板(也称特性窗口)的内容也不同。选择【直线】,其特性窗口如图 4-42 所示;选择【多行文字】,其特性窗口如图 4-43 所示。我们会发现,两者具体参数不同,但都包括基本特性、几何特性、样式特性、文字特性、打印样式特性、视窗特性等内容。

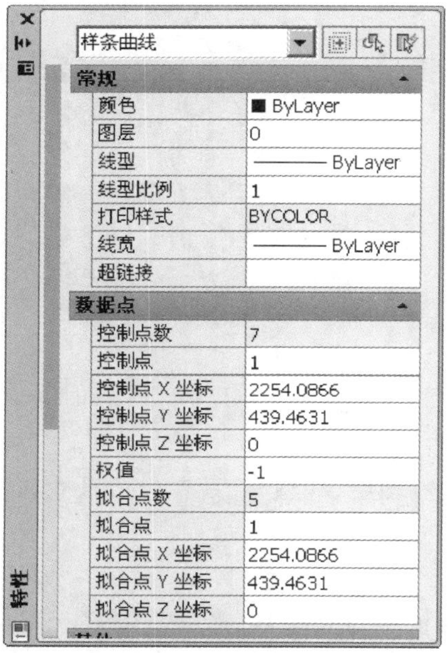

样条曲线	
常规	
颜色	■ ByLayer
图层	0
线型	—— ByLayer
线型比例	1
打印样式	BYCOLOR
线宽	—— ByLayer
超链接	
数据点	
控制点数	7
控制点	1
控制点 X 坐标	2254.0866
控制点 Y 坐标	439.4631
控制点 Z 坐标	0
权值	-1
拟合点数	5
拟合点	1
拟合点 X 坐标	2254.0866
拟合点 Y 坐标	439.4631
拟合点 Z 坐标	0

图 4-41　【特性】选项板

直线	
常规	
颜色	■ ByLayer
图层	0
线型	—— ByLayer
线型比例	1
打印样式	BYCOLOR
线宽	—— ByLayer
超链接	
厚度	0
三维效果	
材质	ByLayer
几何图形	
起点 X 坐标	1407.7958
起点 Y 坐标	500.9187
起点 Z 坐标	0
端点 X 坐标	1714.1364
端点 Y 坐标	677.7845
端点 Z 坐标	0
增量 X	306.3406
增量 Y	176.8658

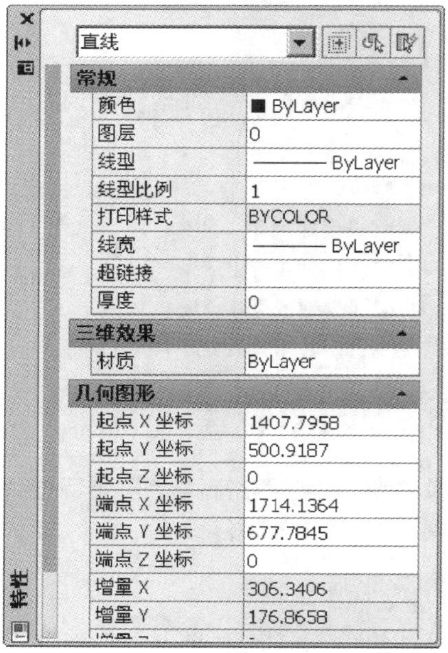

图 4-42　直线特性窗口

（1）颜色：指定对象的颜色或进行颜色修改。颜色菜单中列举了 7 种常用颜色，如图 4-44 所示。用户还可以根据需要选择其他颜色，单击颜色列表中的【选择颜色】，会弹出【选择颜色】对话框。在选择实体颜色时，通常设定实体颜色为【ByLayer】，即随层。

图 4-43　多行文字特性窗口

图 4-44　【颜色】下拉菜单

（2）图层：指定对象的当前图层，对目标实体的图层进行修改。此时的修改是改变目标实体所在图层，而不是对原来图层的属性进行修改。

（3）线型：可以用于指定、更改实体线型，【线型】下拉列表中显示当前图形中的所有线型。

（4）线宽：指定对象的线宽。

（5）厚度：设置当前实体厚度，即 Z 方向高度。这个特性只有三维实体才能编辑。

当选中多个实体特性时，【特性】选项板中除了基本属性保持不变，其他的下属目录只列出了实体共有的部分，其他不同的特性则无意义，不能编辑。例如选中两直线，此时【特性】选项板如图 4-45 所示。

特性窗口中还有【超链接】选项，通过【插入超链接】对话框（见图 4-46）可以在网络上共享数据，也可以根据需要把编辑的图形实体链接到某一地址，实现数据共享。

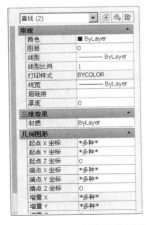

图 4-45　选中两直线的特性窗口

图 4-46　【插入超链接】对话框

3. 特性匹配

特性匹配就是将选定对象的特性从一个对象复制到另一个对象上。启用的方法如下。

- 菜单：【修改】→【特性匹配】。
- 工具栏：单击【标准】工具栏上的特性匹配按钮。
- 命令行：输入 matchprop，按回车键。

命令行提示如下。

> 命令：'_matchprop
>
> 选择源对象：   //单击被复制特性的对象
>
> 当前活动设置：颜色 图层 线型 线型比例 线宽 厚度 打印样式 标注 文字 填充图案 多段线 视口
> 表格材质 阴影显示 多重引线
>
> 选择目标对象或［设置(S)］：   //单击目标对象(可以单击1个或多个)
>
> 选择目标对象或［设置(S)］：   //回车

例如，对图 4-47(a)完成特性匹配，结果如图 4-47(b)所示。

图 4-47　图线的特性匹配

> 命令：'_matchprop
>
> 选择源对象：
>
> 当前活动设置：颜色 图层 线型 线型比例 线宽 厚度 打印样式 标注 文字 填充图案 多段线 视口
> 表格材质 阴影显示 多重引线
>
> 选择目标对象或［设置(S)］：   //单击上粗实线
>
> 选择目标对象或［设置(S)］：   //单击下细实线

◀ 4.6　项 目 实 训 ▶

4.6.1　项目1：棘轮的绘制

棘轮共 12 个齿，均布在 $\phi70$ 的外接圆上，可以绘制一个齿，圆周阵列即可。

项目1

(1) 绘制点画线，如图 4-48(a)所示。

(2) 将"粗实线"置为当前图层，画半径分别为 10 和 18 的两个小圆，如图 4-48(b)所示。

(3) 绘制键槽。先绘制键槽左半部分，利用对象捕捉追踪功能捕捉一点，向下滑动鼠标，输入距离 21.5，得到两点，向左画直线，长度为 4，向下画直线，打开极轴追踪，捕捉交点，如图 4-48(c)所示。

(4) 单击镜像命令，将键槽左半部分镜像到右边，如图 4-48(d)所示。

(5) 绘制棘齿。用细实线绘制 $\phi70$ 的圆；利用【格式】→【点样式】设置点样式为×，用【绘图】→【点】→【定数等分】命令将圆等分为 12 份，并用直线命令连接其中两个节点，如图 4-48(e)所示。

(6) 阵列棘齿。用环形阵列命令，将棘齿的两条直线阵列在 $\phi70$ 的圆周上。阵列中心在圆心，项目数为 12，如图 4-48(f)所示。

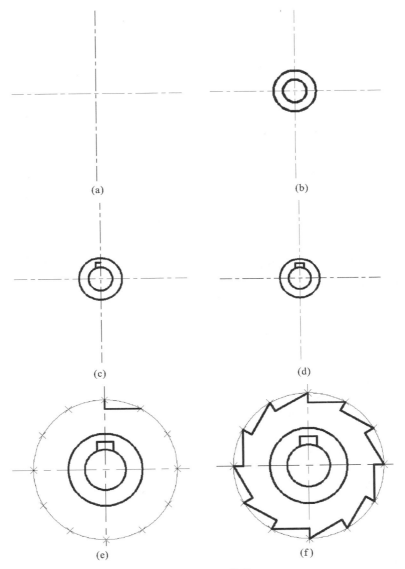

图 4-48 绘制棘轮

4.6.2 项目 2：绘制内六角扳手

项目 2

1）绘制图形

绘制半径分别为 10、15 的两圆，其圆心处在同一水平线上，距离为 40；在大圆中绘制一个内切圆半径为 10 的正八边形，在小圆中绘制一个外接圆半径为 7.5 的正六边形；绘制两圆的公切线和一条半径为 25 并与两圆相切的圆弧，如图 4-49 所示。

2）编辑图形

将六边形旋转 40°，使用改变图层的方法调整图形的线宽，线宽设置为 0.30 毫米。

3）绘图步骤

（1）单击圆命令 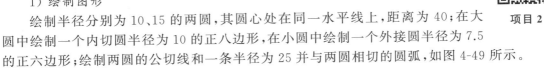，绘制半径分别为 10 和 15 的两个圆。注意：打开极轴追踪和对象捕捉追踪以便向右移动 40，捕捉到半径 15 的中心位置。

（2）单击多边形命令，绘制内切圆半径为 10 的正八边形，在小圆中绘制一个外接圆半径为 7.5 的正六边形，如图 4-50 所示。

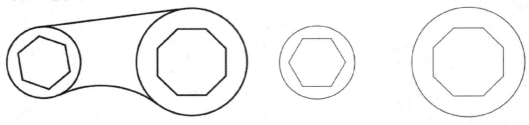

图 4-49　扳手图　　　　　　　　　　　图 4-50　绘制六边形和圆

（3）单击旋转命令。

```
命令:_rotate
UCS 当前的正角方向： ANGDIR=逆时针　ANGBASE=0
选择对象:找到 1 个                                          //单击选择正六边形
选择对象:
指定基点:                                                  //单击选择圆心
指定旋转角度,或［复制(C)/参照(R)］<0>:40                    //输入 40 并按回车键
```

旋转后的效果如图 4-51 所示。

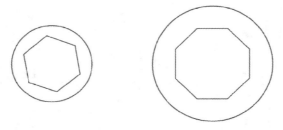

图 4-51　旋转六边形

（4）单击菜单【绘图】→【圆】→【相切、相切、半径】，拾取两圆上的切点，输入半径 25，如图 4-52(a)所示。

（5）单击修剪命令，进行修剪，如图 4-52(b)所示。

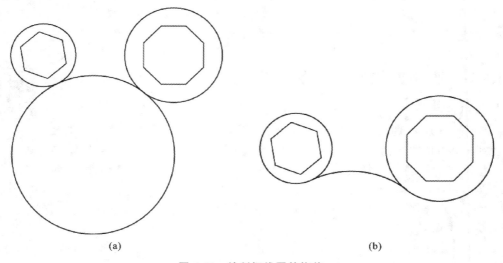

（a）　　　　　　　　　　　　　　　　　　（b）

图 4-52　绘制切线圆并修剪

（6）单击直线命令，鼠标移动到半径为 10 的圆附近，按住 Shift 键，单击鼠标右键，弹出右键快捷菜单，在此菜单中单击【切点】[见图 4-53(a)]，单击【递延切点】，获得左边圆上的切点，如图 4-53(b)所示。

（7）同理，将鼠标移到半径为 15 的圆附近，完成其上的切点连接，如图 4-53(c)所示。

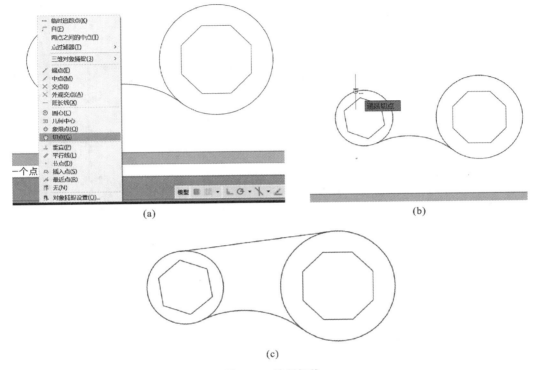

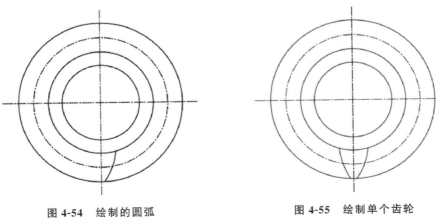

图 4-53　绘制切线

（8）将 0 图层的线宽由默认值改为 0.30 毫米。

4.6.3　项目 3：绘制齿轮啮合

（1）单击镜像命令 ⚟，对如图 4-54 所示的圆弧（见齿轮素材文件）进行镜像，得到图 4-55。

项目 3　　齿轮素材

图 4-54　绘制的圆弧　　　　　　　图 4-55　绘制单个齿轮

```
命令:_mirror
选择对象:找到1个
选择对象:                                    //单击选择图4-54中齿轮右侧轮廓线
指定镜像线的第一点:                          //单击选择竖直轴线上端点
指定镜像线的第二点:                          //单击选择竖直轴线下端点
要删除源对象吗?[是(Y)/否(N)]<否>:N           //直接按回车键
```

（2）输入 arrayclassic 并按回车键，弹出【阵列】对话框（见图4-56）。

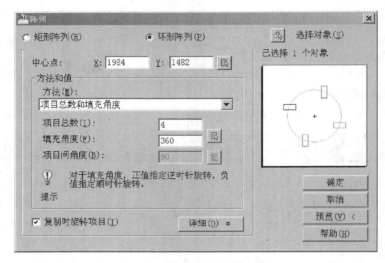

图 4-56 【阵列】对话框中的参数设置

在【阵列】对话框中，按以下进行设置。

【中心点】:单击圆心。

【项目总数】:9。

【填充角度】:360。

【选择对象】:单击齿轮左、右轮廓线。

阵列设置效果如图4-57所示。

（3）单击修剪命令 ⫣ ，单击鼠标右键，单击要修剪的圆弧段，得图4-58。

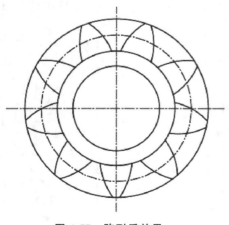

图 4-57 阵列后效果

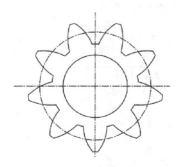

图 4-58 修剪后效果

（4）单击镜像命令 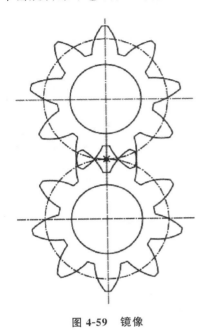，在图 4-59 中以 ⊗ 所在水平线为镜像线将图形进行镜像，结果如图 4-59 所示。

（5）单击旋转命令 ，将上齿轮的轮廓线以圆心为基点，旋转 20°，如图 4-60 所示。

图 4-59　镜像

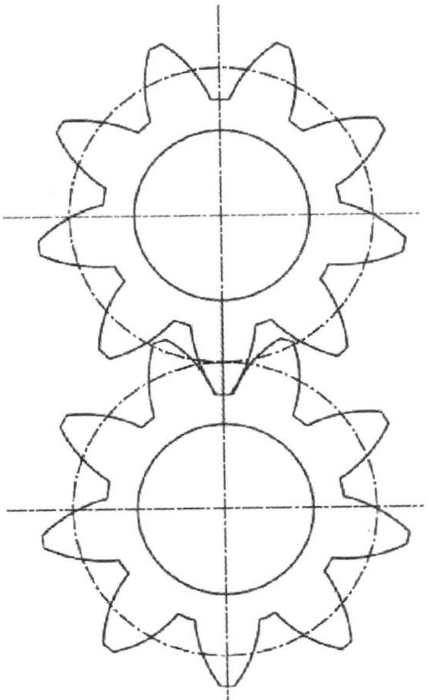

图 4-60　旋转

<h1 style="text-align:center">习　　题</h1>

1. 绘制图 4-61～图 4-64。

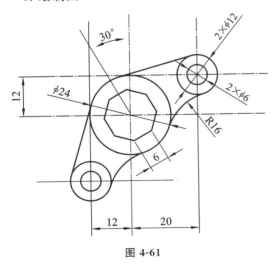

图 4-61

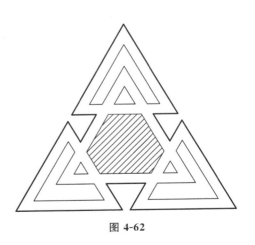

图 4-62

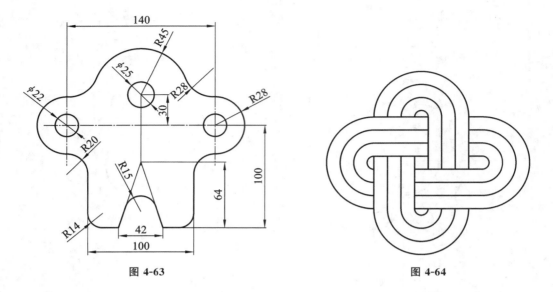

图 4-63

图 4-64

2. 绘制图 4-65。

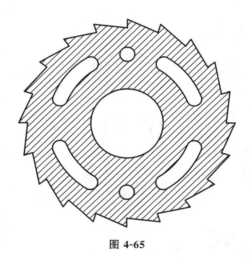

图 4-65

第 5 章

尺寸标注

【章节提要】

本章介绍尺寸标注样式,长度尺寸标注,圆、角度、弧长尺寸标注,多重引线和坐标标注,形位公差标注,快速标注和编辑尺寸标注等内容。尺寸标注是制造零件、装配机器的重要依据。零件的真实大小、其各部分的相对位置都要通过尺寸标注确定。

【学习目标】

- 掌握尺寸标注样式的创建方法。
- 掌握各种基本尺寸标注工具的使用方法。

◀ 5.1　尺寸标注样式 ▶

5.1.1　尺寸标注基本知识

在工程图样中,完整的尺寸标注由尺寸界线、尺寸线、终端、尺寸数字组成,如图 5-1 所示。

（1）尺寸界线:用于引出标注范围的直线,可从轮廓线、轴线、对称线处引出,同时轮廓线、轴线等处也可直接作为尺寸界线。

（2）尺寸线:表明标注的范围。如果空间不足,可以将尺寸线或文字移到外侧（其样式可以设置）,线性标注的尺寸线和圆弧标注的尺寸线为直线,角度标注的尺寸线为圆弧。

（3）终端:不同行业尺寸标注终端不一样,如机械行业用实心箭头,建筑行业用的标注终端是小斜线等,都用于指出测量的开始和结束位置。

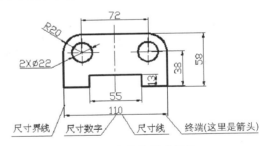

图 5-1　完整的尺寸标注

（4）尺寸数字:显示图形实际测量值,标注的文字默认为数字,也可为文字、字母及一些符号。注意:AutoCAD中标注角度尺寸时请设置角度水平书写。

尺寸线、尺寸界线一般用细实线绘制。

标注过程中要注意以下事项。

（1）角度的数值一律水平书写,写在尺寸线的上方或中断处。

（2）小于等于半圆的圆弧标注半径,半径数值前加符号 R;大于半圆的圆弧或圆标注直径,直径前加符号 φ。

（3）尺寸数字尽量不要被任何图线通过,当需要通过时可把图线打断以保证数字清晰。

5.1.2　创建标注样式

● **菜单:**【格式】→【标注样式】。

● **工具栏:**单击【样式】工具栏、【标注】工具栏中的按钮。

● **命令行:**输入 dimstyle 或 d,按回车键。

【标注样式】命令执行后,打开【标注样式管理器】对话框,如图 5-2 所示。

单击【新建】按钮,打开【创建新标注样式】对话框,在此可以创建新标注样式,如图 5-3 所示。

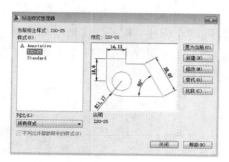

图 5-2　【标注样式管理器】对话框

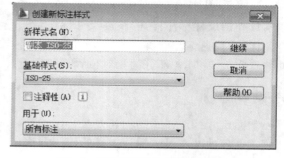

图 5-3　【创建新标注样式】对话框

【新样式名】:可输入汉字、文字、字母。

【基础样式】:默认为 ISO-25。

【用于】:指定新样式的适用范围,可以是所有标注、线性标注、角度标注等。

单击【继续】按钮,可以设置新标注样式的具体属性值,如图 5-4 所示。

在如图 5-4 所示的【新建标注样式:副本 ISO-25】对话框中有 7 个选项卡来设置标注的样式。每个选项卡的具体功能如下。

1)【线】选项卡

可以设置影响尺寸线和延伸线的一些变量,如图 5-4 所示。

【颜色】下拉列表框:用于选择尺寸线的颜色。

【线型】下拉列表框:用于选择尺寸线的线型,正常选择连续直线。

【线宽】下拉列表框:用于指定尺寸线的宽度,线宽建议选择 0.15。

【超出标记】选项:指定当标注终端使用倾斜、建筑标记、积分和无标记时,尺寸线超过尺寸界线的距离,如图 5-5 所示。

图 5-4　【新建标注样式:副本 ISO-25】对话框

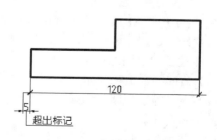

图 5-5　超出标记图例

【基线间距】选项:决定平行尺寸线间的距离。创建基线的尺寸标注时,相邻尺寸线间的距离由该选项控制,如图 5-6 所示。

【隐藏】选项:有"尺寸线 1"和"尺寸线 2"两个复选框,用于控制尺寸线两端的可见性,如图 5-7 所示。同时选中两个复选框时,将不显示尺寸线。

【超出尺寸线】选项:用于控制尺寸界线超出尺寸线的距离,如图 5-8 所示。通常规定尺寸界线的超出尺寸为 2~3 mm,使用 1∶1 的比例绘制图形时,设置此选项为 2 或 3。

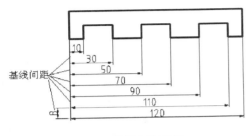

图 5-6 基线间距图例

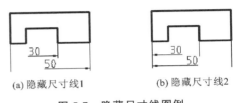

(a) 隐藏尺寸线1   (b) 隐藏尺寸线2

图 5-7 隐藏尺寸线图例

【起点偏移量】选项:用于设置自图形中定义标注的点到尺寸界线的偏移距离,如图 5-8 所示。通常尺寸界线与标注对象间有一定的距离,能够较容易地区分尺寸标注和被标注对象。

【固定长度的延伸线】复选框:用于指定尺寸界线从尺寸线开始到标注原点的总长度。

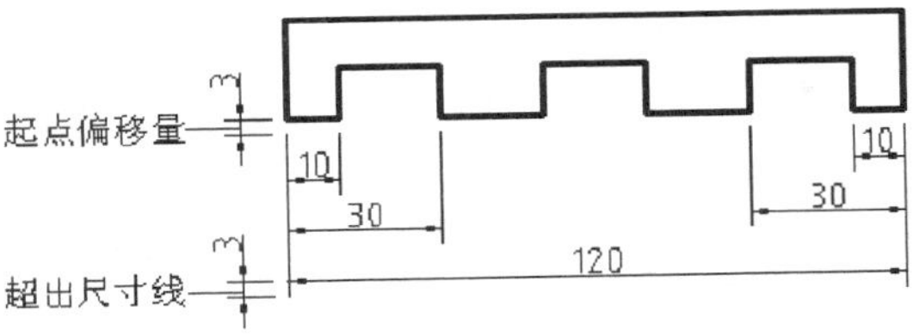

2)【符号和箭头】选项卡

可以对箭头、圆心标记、弧长符号、折断标注、线性折弯标注和半径折弯标注等的格式和位置进行设置,如图 5-9 所示。下面分别对箭头、圆心标记、弧长符号和半径折弯标注的设置方法进行详细的介绍。

图 5-8 超出尺寸线和起点偏移量图例

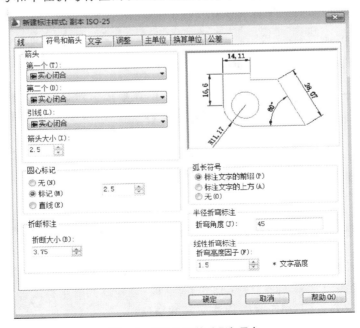

图 5-9 【符号和箭头】选项卡

（1）箭头的使用。【箭头】选项组提供了对尺寸箭头的控制选项。

【第一个】下拉列表框：用于设置第一条尺寸线的箭头样式。

【第二个】下拉列表框：用于设置第二条尺寸线的箭头样式。当改变第一个箭头的类型时，第二个箭头将自动改变以同第一个箭头相匹配。

【引线】下拉列表框：用于设置引线标注时的箭头样式。

【箭头大小】选项：用于设置箭头的大小。

（2）设置圆心标记。【圆心标记】选项组提供了对圆心标记的控制选项，即【无】、【标记】和【直线】3 个单选按钮，可以设置圆心标记或画中心线，效果如图 5-10 所示。

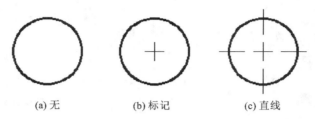

(a) 无   (b) 标记   (c) 直线

图 5-10　圆心标记选项

【标记】选项后面的数值框：用于设置圆心标记或中心线的大小。

（3）设置弧长符号。【弧长符号】选项组提供了弧长标注中圆弧符号的显示控制选项。

【标注文字的前缀】单选按钮：用于将弧长符号放在标注文字的前面。

【标注文字的上方】单选按钮：用于将弧长符号放在标注文字的上方。

【无】单选按钮：用于不显示弧长符号。

三种不同方式的显示效果如图 5-11 所示。

(a) 标注文字的前缀   (b) 标注文字的上方   (c) 无

图 5-11　弧长符号选项

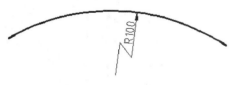

图 5-12　折弯角度数值

（4）设置半径折弯标注。【半径折弯标注】选项组提供了折弯（Z 形）半径标注的显示控制选项。

【折弯角度】数值框：用于连接半径标注的尺寸界线和尺寸线的横向直线的角度，图 5-12 所示的折弯角度为 45°。

3）【文字】选项卡

可以对标注的文字外观和文字位置进行设置，如图 5-13 所示。下面对文字的外观和位置的设置进行详细的介绍。

（1）文字外观。在【文字外观】选项组中可以设置标注文字的格式和大小。

【文字样式】下拉列表框：用于选择标注文字所用的文字样式。如果需要重新创建文字样式，可以单击右侧的按钮 ... ，弹出【文字样式】对话框，创建新的文字样式即可。

【文字颜色】下拉列表框：用于设置标注文字的颜色。

【填充颜色】下拉列表框：用于设置标注文字背景的颜色。

图 5-13 【文字】选项卡

【文字高度】数值框:用于指定当前标注文字样式的高度。若在当前使用的文字样式中设置了文字的高度,此项输入的数值无效。

【分数高度比例】数值框:用于指定分数形式字符与其他字符之间的比例。只有在选择支持分数的标注格式时,才可进行设置。

【绘制文字边框】复选框:用于给标注文字添加一个矩形边框。

(2) 文字位置。在【文字位置】选项组中可以设置标注文字的位置。

①【垂直】下拉列表框包含【居中】、【上】、【外部】、【JIS】和【下】5 个选项,用于控制标注文字相对尺寸线的垂直位置。选择某项时,在该对话框的预览框中可以观察到标注文字的变化。

【居中】选项:将标注文字放在尺寸线的两部分中间。

【上】选项:将标注文字放在尺寸线上方。

【外部】选项:将标注文字放在尺寸线上离标注对象较远的一边。

【JIS】选项:按照日本工业标准"JIS"放置标注文字。

【下】选项:将标注文字放在尺寸线下方。

②【水平】下拉列表框包含【居中】、【第一条延伸线】、【第二条延伸线】、【第一条延伸线上方】和【第二条延伸线上方】5 个选项,用于控制标注文字相对于尺寸线和尺寸界线的水平位置。

【居中】选项:把标注文字沿尺寸线放在两条尺寸界线的中间。

【第一条延伸线】选项:沿尺寸线与第一条尺寸界线左对正。

【第二条延伸线】选项:沿尺寸线与第二条尺寸界线右对正。尺寸界线与标注文字的距离是箭头大小加上文字间距之和的两倍。

【第一条延伸线上方】选项:沿着第一条尺寸界线放置标注文字或把标注文字放在第一条尺寸界线之上,如图 5-14(a)所示。

【第二条延伸线上方】选项:沿着第二条尺寸界线放置标注文字或把标注文字放在第二条尺寸界线之上,如图 5-14(b)所示。

③【从尺寸线偏移】数值框用于设置当前文字与尺寸线之间的距离,如图 5-15 所示。AutoCAD也将该值用作尺寸线所需的最小长度。

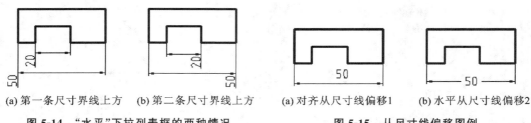

(a) 第一条尺寸界线上方　(b) 第二条尺寸界线上方　　　　(a) 对齐从尺寸线偏移1　(b) 水平从尺寸线偏移2

图 5-14　"水平"下拉列表框的两种情况　　　　　图 5-15　从尺寸线偏移图例

4）【调整】选项卡

可以对标注文字、箭头、尺寸界线之间的位置关系进行设置，如图 5-16 所示。下面对箭头、文字及尺寸界线间位置关系的设置进行详细的说明。

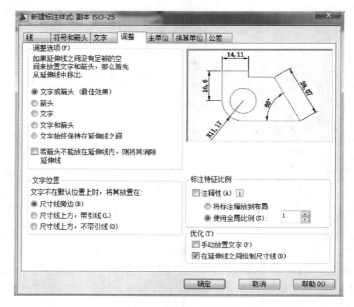

图 5-16　【调整】选项卡

【调整选项】：主要用于控制基于尺寸界线之间可用空间的文字和箭头的位置，如图 5-17 所示。

特别提示：当尺寸界线间的距离仅够容纳文字时，文字放在尺寸界线内，箭头放在尺寸界线外；当尺寸界线间的距离仅够容纳箭头时，箭头放在尺寸界线内，文字放在尺寸界线外；当尺寸界线间的距离既不够放文字又不够放箭头时，文字和箭头都放在尺寸界线外。

【文字位置】：用于设置标注文字从默认位置移动时标注文字的位置，显示效果如图 5-18 所示。

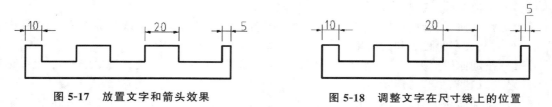

图 5-17　放置文字和箭头效果　　　　　图 5-18　调整文字在尺寸线上的位置

【标注特征比例】：用于设置全局标注比例值或图纸空间比例。

5）【主单位】选项卡

可以设置主标注单位的格式和精度，并设置标注文字的前缀和后缀，如图 5-19 所示。

6) 【换算单位】选项卡

选择【显示换算单位】复选框，当前对话框变为可设置状态。此选项卡中的选项可用于设置文件标注测量值中换算单位的显示及其格式和精度，如图 5-20 所示。

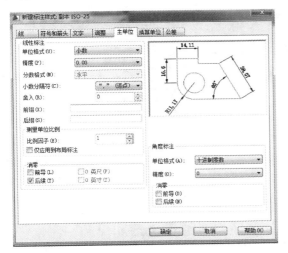

图 5-19　【主单位】选项卡　　　　　　　　图 5-20　【换算单位】选项卡

7) 【公差】选项卡

可以设置标注文字中公差的格式及显示，如图 5-21 所示。

图 5-21　【公差】选项卡

在设定好尺寸样式后，就可以采用设定好的尺寸样式进行尺寸标注。按照标注尺寸的类型，可以将尺寸分成长度尺寸、半径、直径、坐标、指引线、圆心标记等；按照标注的方式，可以将尺寸分成水平、垂直、对齐、连续、基线等。

5.1.3 常用的尺寸标注样式

打开【标注样式管理器】对话框(见图 5-22)有三种方法。

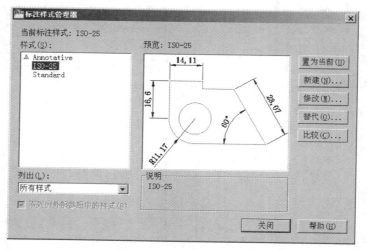

图 5-22 【标注样式管理器】对话框

* 菜单栏:【格式】→【标注样式】。
* 工具栏:单击【样式】工具栏中的按钮。

中的 按钮。

* 命令行:输入 dimstyle 或 dst 或 d,按回车键。

1. 线性尺寸设置

在【标注样式管理器】对话框中单击【新建】按钮,打开【创建新标注样式】对话框,如图 5-23 所示。

在该对话框的【新样式名】文本框中输入"线性尺寸",然后单击【继续】按钮,打开【新建标注样式:线性尺寸】对话框。

在【新建标注样式:线性尺寸】对话框中有 7 个选项卡,其前 5 个选项卡中的设置如图 5-24~图 5-28 所示。

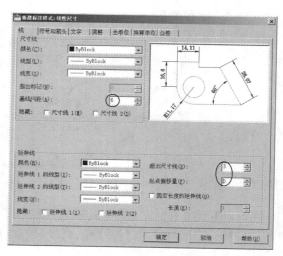

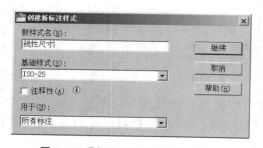

图 5-23 【创建新标注样式】对话框

图 5-24 【线】选项卡设置

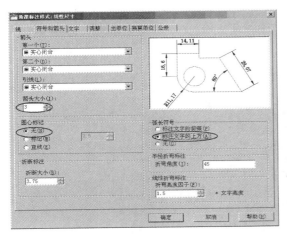

图 5-25 【符号和箭头】选项卡设置

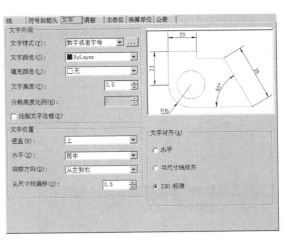

图 5-26 【文字】选项卡设置

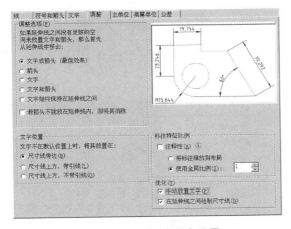

图 5-27 【调整】选项卡设置

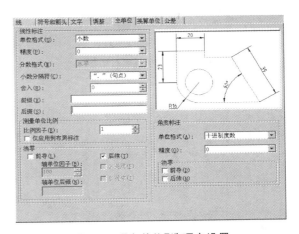

图 5-28 【主单位】选项卡设置

【换算单位】和【公差】选项卡不用选择,采用默认设置。单击【确定】按钮,完成线性尺寸标注样式的设置。

2. 角度尺寸设置

在【标注样式管理器】对话框中单击【新建】按钮,弹出【创建新标注样式】对话框。如图 5-29 所示,输入新样式名【角度尺寸】,选择【线性尺寸】为基础样式,单击【继续】按钮,弹出【新建标注样式:角度尺寸】对话框,角度尺寸设置大部分与线性尺寸设置相同,不同之处在于【文字】选项卡的设置。

在【文字】选项卡中,【文字对齐】要选择【水平】(见图 5-30),因为国家标准规定,角度数值一律水平书写,设置好后单击【确定】按钮。

3. 非圆直径尺寸设置

回转体的直径经常标注在非圆视图上,为了方便标注,为这类尺寸设置一种【非圆直径】的标注样式。

在【标注样式管理器】对话框中,单击【新建】按钮,弹出【创建新标注样式】对话框。如图 5-31 所示,输入新样式名【非圆直径尺寸】,选择【线性尺寸】为基础样式,单击【继续】按钮,将弹出【新建标注样式:非圆直径尺寸】对话框,非圆直径尺寸设置与线性尺寸设置大部分相同,不同之处在于【主单位】选项卡(见图 5-32)的【线性标注】选项组中【前缀】文本框中要填写"%%c"(直径符号),设置好后单击【确定】按钮即可。

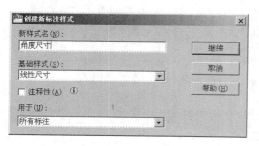

图 5-29　角度尺寸创建对话框

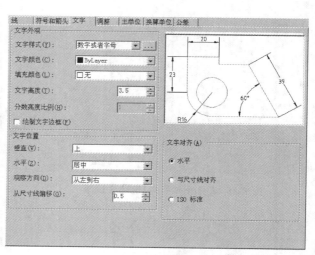

图 5-30　角度尺寸的【文字】选项卡设置

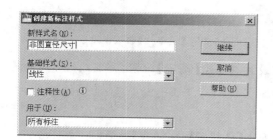

图 5-31　非圆直径尺寸创建对话框

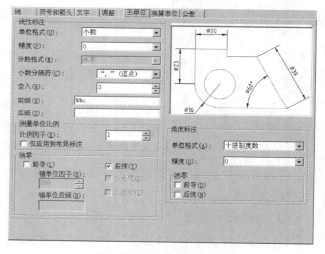

图 5-32　【主单位】选项卡

4. 公差尺寸设置

机件上有配合的结构,对尺寸有公差要求,零件图上常标注为极限偏差形式。

在【标注样式管理器】对话框中,单击【新建】按钮,弹出【创建新标注样式】对话框,输入新样式名【公差尺寸】,选择【非圆直径尺寸】为基础样式,这是因为大多数配合是孔和轴的配合。单击【继续】按钮,弹出【修改标注样式:ISO-25】对话框,如图 5-33 所示,在【公差】选项卡中设置上偏差和下偏差为所需小数。

需要说明的是:系统默认的上偏差为正,下偏差为负,如设置下偏差为正,需要在输入数值前加负号。

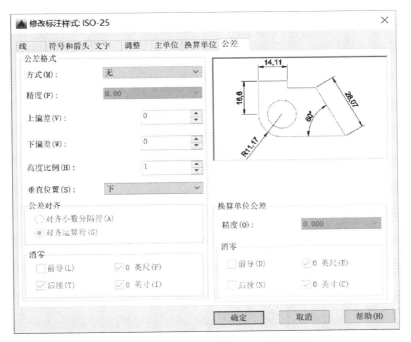

图 5-33 【修改标注样式：ISO-25】对话框

◀ **5.2 长度尺寸标注** ▶

5.2.1 线性尺寸标注

线性尺寸标注是指两点可以通过指定两点之间的水平或垂直距离尺寸，也可以是旋转一定角度的直线尺寸。尺寸可以通过指定两点、选择直线或圆弧等能够识别两个端点的对象来确定。

启用线性尺寸标注命令有如下三种方法。

- 菜单：【标注】→【线性】。
- 工具栏：单击【标注】工具栏上的线性标注 ⊢┤ 按钮。
- 命令行：输入 dimlinear，按回车键。

【例 5-1】 为图 5-34(a)标注边长尺寸。

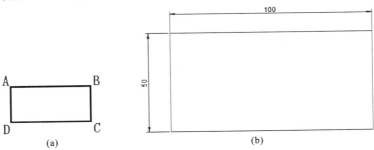

图 5-34 线性尺寸标注图例

```
命令:_dimlinear
指定第一条延伸线原点或<选择对象>:                    //单击图 5-34(a)中的 A 点
指定第二条延伸线原点:                               //单击 B
指定尺寸线位置或
[多行文字(M)/文字(T)/角度(A)/水平(H)/垂直(V)/旋转(R)]:    //鼠标移动到图示位置单击鼠标左键
标注文字=100
命令:_dimlinear
指定第一条延伸线原点或<选择对象>:                    //单击 A 点
指定第二条延伸线原点:                               //单击 D 点
指定尺寸线位置或
[多行文字(M)/文字(T)/角度(A)/水平(H)/垂直(V)/旋转(R)]:
标注文字=50
```

5.2.2 对齐标注

对倾斜的对象进行标注时,可以使用【对齐】命令。对齐尺寸的特点是尺寸线平行于倾斜的标注对象。

启用【对齐】命令有如下三种方法。

- 菜单:【标注】→【对齐】。
- 工具栏:单击【标注】工具栏中的对齐标注 按钮。
- 命令行:输入 dimaligned,按回车键。

对图 5-35(a)所示图形采用对齐标注方式标注其边长后的效果如图 5-35(b)所示。

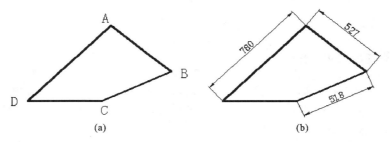

(a)   (b)

图 5-35 对齐标注图例

5.2.3 连续标注

连续标注是工程制图中常用的一种标注方式,即一系列首尾相连的尺寸标注。其中,相邻的两个尺寸标注间的尺寸界线作为公用界线。

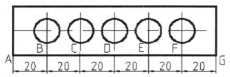

图 5-36 连续标注图例

启用连续标注命令有如下三种方法。

- 菜单:【标注】→【连续】。
- 工具栏:单击【标注】工具栏中的连续 按钮。
- 命令行:输入 dco(或 dimcontinue),按回车键。

图 5-36 是进行连续标注后的效果。

5.2.4 基线标注

对从一条尺寸界线出发的基线尺寸标注,可以快速进行标注,无须手动设置两条尺寸线的间隔。

启用基线标注命令有如下三种方法。

- 菜单:【标注】→【基线】。
- 工具栏:单击【标注】工具栏中的基线 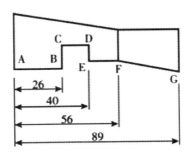 按钮。
- 命令行:输入 dimbaseline,按回车键。

【例 5-2】 采用基线标注方式标注图 5-37 中的尺寸。

图 5-37　基线标注图例

在使用连续标注和基线标注时,首先第一个尺寸要用线性标注,然后才可以用连续标注和基线标注,否则无法使用这两种标注方法。

```
命令:dimlinear
指定第一条延伸线原点或<选择对象>:                      //选择图 5-37 中的 A 点
指定第二条延伸线原点:                                //选择 B 点
指定尺寸线位置或
[多行文字(M)/文字(T)/角度(A)/水平(H)/垂直(V)/旋转(R)]:
标注文字=26
```

再用基线标注方法标注其他尺寸。

```
命令:_dimbaseline
指定第二条延伸线原点或[放弃(U)/选择(S)]<选择>:        //选择 E 点
标注文字=40
指定第二条延伸线原点或[放弃(U)/选择(S)]<选择>:        //选择 F 点
标注文字=56
指定第二条延伸线原点或[放弃(U)/选择(S)]<选择>:        //选择 G 点
标注文字=89
指定第二条延伸线原点或[放弃(U)/选择(S)]<选择>:        //回车
选择基准标注:
```

◀ 5.3　圆、角度、弧长尺寸标注 ▶

5.3.1　圆的直径和半径标注

在机械制图中,根据国家标准,圆弧小于等于半个圆时进行半径标注,大于半个圆时进行直径标注。

1. 半径尺寸标注

半径标注由一条指向圆或圆弧的带箭头的半径尺寸线和文字组成,测量圆或圆弧半径时,自动生成的标注文字前将显示一个表示半径长度的字母"R"。

启用半径标注命令有如下三种方法。

- 菜单:【标注】→【半径】。
- 工具栏:单击【标注】工具栏中的半径标注  按钮。

(实际为内联小图标,略)

- 命令行:输入 dimradius,按回车键。

以图 5-38 为例,命令行提示如下。

```
命令:_dimradius
选择圆弧或圆:                                      //单击圆弧
标注文字=212
指定尺寸线位置或［多行文字(M)/文字(T)/角度(A)］:   //单击鼠标左键确定尺寸线位置
```

2. 直径尺寸标注

直径尺寸标注与圆或圆弧半径尺寸的标注方法相似。

启用直径标注命令有如下三种方法。

- 菜单:【标注】→【直径】。
- 工具栏:单击【标注】工具栏中的直径标注 按钮。
- 命令行:输入 dimdiameter,按回车键。

以图 5-39 为例,命令行提示如下。

```
命令:DIMDIAMETER
选择圆弧或圆:                                      //单击圆弧
标注文字=31
指定尺寸线位置或［多行文字(M)/文字(T)/角度(A)］:   //单击鼠标左键确定尺寸线位置
```

图 5-38　半径标注图例

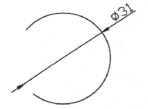

图 5-39　直径标注图例

5.3.2　角度标注

角度标注用于标注圆或圆弧的角度、两条非平行直线间的角度、三点之间的角度。AutoCAD 提供了用于创建角度标注的命令。

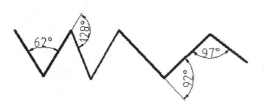

图 5-40　直线间角度的标注

启用角度标注命令有三种方法。

- 菜单:【标注】→【角度】。
- 工具栏:单击【标注】工具栏中的角度标注 按钮。
- 命令行:输入 dimangular,按回车键。

标注图 5-40 所示的角的不同方向尺寸时,命令行提示如下。

```
命令:_dimangular
选择圆弧、圆、直线或<指定顶点>:                              //单击第一条直线
选择第二条直线:                                          //单击第二条直线
指定标注弧线位置或［多行文字(M)/文字(T)/角度(A)/象限点(Q)］: //单击鼠标左键确定弧线位置
标注文字=62
```

5.3.3 弧长标注

弧长标注用于测量圆弧或多段线弧线段上的距离。

启用弧长标注命令有如下三种方法。

- 菜单:【标注】→【弧长】。
- 工具栏:单击【标注】工具栏中的弧长标注 按钮。
- 命令行:输入 dimarc,按回车键。

执行弧长标注命令时,命令行提示如下。

```
命令:_dimarc
选择弧线段或多段线圆弧段:                                    //单击选择圆弧
指定弧长标注位置或［多行文字(M)/文字(T)/角度(A)/部分(P)/引线(L)］:
标注文字=30
```

参数说明如下。

【指定弧长标注位置】:确定弧长标注的位置。

【多行文字(M)】:输入 M 后按回车键,系统会弹出【多行文字编辑器】对话框,用户在此对话框中可输入尺寸数字。

【文字(T)】:输入 T 后按回车键,系统会提示输入标注文字。

【角度(A)】:输入 A 后按回车键,系统会提示输入标注文字旋转的角度。

【部分(P)】:只标注某段圆弧的部分弧长。输入 P 后按回车键,命令行有如下提示。

```
指定弧长标注位置或［多行文字(M)/文字(T),角度(A) 部分(P)/引线(L)］:P  //按回车键
指定弧长标注的第一个点:                                //指定从圆弧上的那个点开始标注
指定弧长标注的第二个点:                                //指定从圆弧上的那个点结束标注
```

【引线(L)】:当标注大于 90°的圆弧(或弧线段)时确定是否加引线,所加的引线是指向所标注圆弧的圆心的。

注意:在标注弧长时,弧长符号位置的确定是通过标注样式——【符号和箭头】选项卡来控制的。

例如,对图 5-41(a)中的 4 段圆弧进行弧长标注,效果如图 5-41(b)所示。

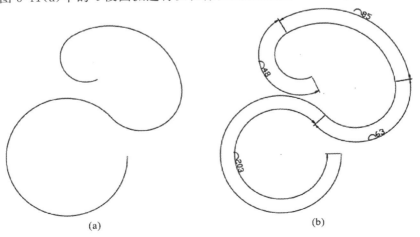

图 5-41 弧长标注

命令行提示如下。

命令：_dimarc
选择弧线段或多段线圆弧段：
指定弧长标注位置或［多行文字(M)/文字(T)/角度(A)/部分(P)/引线(L)］：
标注文字=48

5.3.4 圆心标记

1）功能

标注圆或圆弧的圆心位置。

2）命令输入

- 菜单：【标注】→【圆心标记】。
- 工具栏：单击【标注】工具栏中的圆心标记按钮。
- 命令行：输入 dimcenter，按回车键。

3）命令使用

命令：_dimcenter
选择圆弧或圆：   //选取要标注尺寸的圆或圆弧

注意：圆心标记类型有三种，分别是无、标记、直线。另外，还可以设置圆心标记的大小。实际应用时，要根据具体情况进行设置。

5.3.5 折弯标注

1）功能

当圆弧或圆的中心位于布局之外并且无法在其实际位置显示时，用折弯标注。在更方便的位置指定标注的原点，做中心位置替代。

2）命令输入

- 菜单：【标注】→【折弯】。
- 工具栏：单击【标注】工具栏中的折弯按钮。
- 命令行：输入 dimjogged，按回车键。

3）命令使用

命令：_dimjogged
选择圆弧或圆：   //选择要标注的圆弧或圆
指定图示中心位置：   //选择要标注的圆弧或圆的中心点

◀ 5.4　多重引线和坐标标注 ▶

5.4.1 多重引线标注

在机械上，引线标注通常用于为图形标注倒角、零件编号、形位公差等。在AutoCAD中，可使用多重引线标注命令（mleader）创建引线标注。多重引线标注由带箭头或不带箭头的直线或样条曲线（又称引线）、一条短水平线（又称基线），以及处于引线末端的文字或块（又称注释）组成，如图5-42所示。

启用多重引线命令有如下三种方法。

- 菜单:【标注】→【多重引线】。
- 工具栏:单击【标注】工具栏中的多重引线 $\mathcal{P}$ 按钮。
- 命令行:输入 mleader,按回车键。

例如,利用多重引线命令标注如图 5-43 所示斜线段 AB 的倒角。

图 5-42 多重引线标注示例   图 5-43 多重引线标注

5.4.2 坐标标注

坐标标注可以标注图形中某个点的坐标值。

1) 启动方法

- 菜单:【标注】→【坐标】。
- 工具栏:单击【标注】工具栏中的坐标 按钮。
- 命令行:输入 dimordinate,按回车键。

2) 命令使用

```
命令:_dimordinate
指定点坐标:
指定引线端点或[X基准(X)/Y基准(Y)/多行文字(M)/文字(T)/角度(A)]:
标注文字=100
```

3) 参数说明

【X 基准】:输入 X 后按回车键,系统只标注点的 X 坐标。

【Y 基准】:输入 Y 后按回车键,系统只标注点的 Y 坐标。

【多行文字】:输入 M 后按回车键,系统通过多行文字编辑器来标注内容。

【文字】:通过单行文字来修改标注的内容。

【角度】:确定标注文字的倾斜角度。

注意:坐标标注是以世界坐标体系或用户坐标体系的原点为基点来进行标注的。

对图 5-44(a)中的 A、B 两点标注坐标,过程略,结果如图 5-44(b)所示。

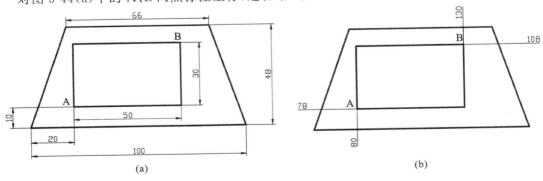

(a)   (b)

图 5-44 坐标标注

◀ 5.5 形位公差标注 ▶

在机械设计中,为了满足机械零件的互换性和使用性能的要求,机械制图的国家标准对零件制定了形位公差(虽已改名为"几何公差",但为配合AutoCAD的操作,这里依然称之为"形位公差")。形位公差用于定义图形的形状、轮廓、方向、位置及跳动等相对精确的几何图形的最大允许误差,它们指定了机械零件实现其正确功能所要求的精确度。绘制机械图时,往往需要标注零件的形位公差。

5.5.1 形位公差标注形式及公差符号的意义

在AutoCAD中,形位公差的标注由指引线、特征控制框、形位公差符号、形位公差值及基准代号等组成,如图 5-45 所示。

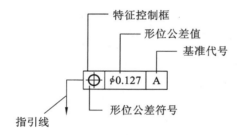

图 5-45 形位公差标注的组成

表 5-1 为各种形位公差符号的几何特征和类型。

表 5-1 形位公差符号的几何特征和类型

符 号	几 何 特 征	类 型
⊕	位置度	定位公差
◎	同轴度(用于轴线)	定位公差
═	对称度	定位公差
//	平行度	定向公差
⊥	垂直度	定向公差
∠	倾斜度	定向公差
⌀	圆柱度	形状公差
▱	平面度	形状公差
○	圆度	形状公差

续表

符　　号	几 何 特 征	类　　型
──	直线度	形状公差
⌒	面轮廓度	形状公差
⌒	线轮廓度	形状公差
↗	圆跳动	跳动公差
↗↗	全跳动	跳动公差

5.5.2　标注形位公差

有两种方式可以标注形位公差,即带引线的或不带引线的。带引线的形位公差使用前述的多重引线标注,下面介绍不带引线的形位公差标注。

启用形位公差标注的方法如下。

- 菜单:【标注】→【公差】。
- 工具栏:单击【标注】工具栏中的公差标注 ⊞⒈ 按钮。
- 命令行:输入 tolerance,按回车键。

执行该命令后,系统弹出【形位公差】对话框,利用该对话框可以设置公差的符号、值及基准参照等参数,如图 5-46 所示。

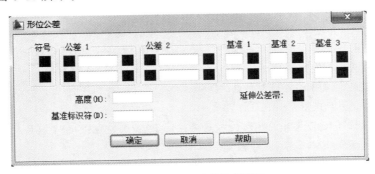

图 5-46　【形位公差】对话框

【形位公差】对话框中各选项的含义如下。

【符号】选项区:用来显示形位公差特性符号。单击该列的黑色框■,将打开【特征符号】对话框,如图 5-47 所示。在该对话框中,用户可以选择所需要的形位公差符号。

【公差 1】和【公差 2】选项区:创建公差值。用户在相应的输入框中输入公差值。单击该列前面的黑色框■,将在该公差值之前加直径符号;单击该列后面的黑色框■,将打开【附加符号】对话框,如图 5-48 所示,用来为公差选择包容条件。

【基准 1】、【基准 2】和【基准 3】选项区:用来设置公差基准和相应的包容条件。

【高度】输入框:用于设置投影公差带的值。投影公差带用于控制固定垂直部分延伸区的高度变化,并以位置公差控制公差精度。

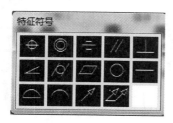

图 5-47 【特征符号】对话框

图 5-48 【附加符号】对话框

【基准标识符】输入框：用于创建由参照字母组成的基准标识符号。

【延伸公差带】选项：单击后面的黑色框，可以设置是否添加延伸公差带。

◀ 5.6 快速标注和编辑尺寸标注 ▶

5.6.1 快速标注

从选定的对象快速创建一系列基线或连续标注，或者为一系列圆或圆弧创建标注。创建的线性标注可以是水平、垂直、对齐、旋转、基线或连续（链式）的。

1）命令输入

- 菜单：【标注】→【快速标注】。
- 工具栏：单击【标注】工具栏中的快速标注 按钮。
- 命令行：输入 qdim，按回车键。

2）命令使用

> 命令：_qdim
>
> 关联标注优先级=端点
>
> 选择要标注的几何图形：指定对角点：找到 10 个
>
> 选择要标注的几何图形：
>
> 指定尺寸线位置或[连续(C)/并列(S)/基线(B)/坐标(O)/半径(R)/直径(D)/基准点(P)/编辑(E)/设置(T)]<连续>：

3）参数说明

【选择要标注的几何图形】：把要标注的图形部分或全部选择。

【指定尺寸线位置】：把尺寸线放置在合适的位置上。

【连续(C)】：连续性地标注尺寸，即一个尺寸接着一个尺寸，自动对齐。

【并列(S)】：将所标注的尺寸有层次地排列，小的尺寸在里边，大的尺寸在外边。

【基线(B)】：所有的尺寸共用一条尺寸界线。

【坐标(O)】：对所选的图形中的点标注坐标。

【半径(R)】：对所选的图形中的圆弧标注半径。

【直径(D)】：对所选的图形中的圆弧标注直径。

【基准点(P)】：指定标注的基准点。

【编辑(E)】：对标注的尺寸点进行编辑。

【设置（T）】:将尺寸界线原点设置为默认对象捕捉方式。

注意:如果在标注图形时,不需要修改尺寸数字,则可以采用快速标注。

【例 5-3】 对图 5-49(a)中的圆及圆弧进行快速标注,效果如图 5-49(b)所示。

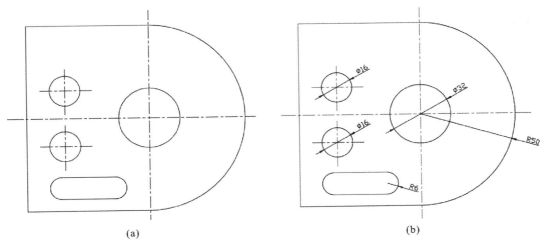

(a)   (b)

图 5-49　快速标注示例

```
命令:_qdim
关联标注优先级=端点
选择要标注的几何图形:找到 1 个
选择要标注的几何图形:找到 1 个,总计 2 个
选择要标注的几何图形:找到 1 个,总计 3 个
选择要标注的几何图形:
指定尺寸线位置或［连续(C)/并列(S)/基线(B)/坐标(O)/半径(R)/直径(D)/基准点(P)/编辑
(E)/设置(T)］<连续>:D
指定尺寸线位置或［连续(C)/并列(S)/基线(B)/坐标(O)/半径(R)/直径(D)/基准点(P)/编辑
(E)/设置(T)］<直径>:
选择要标注的几何图形:找到 1 个
选择要标注的几何图形:找到 1 个,总计 2 个
选择要标注的几何图形:
指定尺寸线位置或［连续(C)/并列(S)/基线(B)/坐标(O)/半径(R)/直径(D)/基准点(P)/编辑
(E)/设置(T)］<连续>:R
```

5.6.2　尺寸标注的编辑

尺寸标注的编辑命令是 dimedit,可以同时改变多个标注对象的文字和尺寸界线。调用 dimedit 命令的方法如下。

- 工具栏:在【标注】工具栏上单击编辑标注工具 按钮。
- 命令行:输入 dimedit,并按回车键。

启动 dimedit 命令后,命令行给出如下提示。

输入标注编辑类型［默认(H)/新建(N)/旋转(R)/倾斜(O)］<默认>:

现将各选项说明如下。

【默认】：将旋转标注文字移回默认位置。使用对象选择方法选择标注对象，选定的标注文字移回到由标注样式指定的默认位置和旋转角。

【新建】：使用文字编辑器更改标注文字。

【旋转】：旋转标注文字。

【倾斜】：调整线性标注延伸线的倾斜角度，使用对象选择方法选择标注对象，输入角度值或按回车键。

（1）利用 ddedit 命令可以连续修改想要编辑的尺寸。

（2）双击尺寸即进入编辑状态，可以修改文字内容。

5.6.3 修改尺寸标注文字的位置

修改尺寸标注文字的位置命令是 dimtedit，用于移动和旋转标注文字。调用 dimtedit 命令有如下三种方法。

- 菜单：【标注】→【对齐文字】→【角度】。
- 工具栏：在【标注】工具栏上单击编辑标注文字工具 按钮。
- 命令行：输入 dimtedit，并按回车键。

启动 dimtedit 命令后，选择要编辑的标注，命令行出现如下提示。

命令：_dimtedit

选择标注：

为标注文字指定新位置或［左对齐(L)/右对齐(R)/居中(C)/默认(H)/角度(A)］：

【为标注文字指定新位置】：拖曳时动态更新标注文字的位置。要确定文字显示在尺寸线的上方、下方还是中间，可使用新建/修改/替代标注样式对话框中的【文字】选项卡。

【左对齐(L)】：沿尺寸线左对正标注文字。此选项只适用于线性、半径和直径标注。

【右对齐(R)】：沿尺寸线右对正标注文字。此选项只适用于线性、半径和直径标注。

【居中(C)】：将标注文字放在尺寸线的中间。

【默认(H)】：将标注文字移回默认位置。

【角度(A)】：修改标注文字的角度。

5.6.4 替代

标注样式替代是对当前标注样式中的指定设置所做的修改，它在不修改当前标注样式的情况下修改尺寸标注系统变量。用户可以通过修改对话框中的选项或修改命令行中的系统变量，来设置标注样式替代，可以通过将修改的设置返回其初始值来撤销替代。替代将应用到正在创建的标注以及所有使用该标注样式后所创建的标注，直到撤销替代或将其他标注样式置为当前为止。

调用替代命令的方法有如下三种。

- 菜单：【标注】→【替代】。
- 工具栏：单击【标注】工具栏中的替代按钮。
- 命令行：输入 dimoverride 后按回车键。

设置标注样式替代的步骤如下。

（1）选择【标注】→【标注样式】命令，打开【标注样式管理器】对话框。

（2）在【标注样式管理器】对话框中的【样式】选项下，选择要为其创建替代的标注样式，单击【替代】按钮，打开替代当前样式对话框，设置参数。

（3）单击【确定】按钮返回【标注样式管理器】对话框，这时在标注样式名称列表中修改的样式下，列出了【样式替代】。

（4）单击【关闭】按钮。

创建标注样式替代后，可以继续修改标注样式，将它们与其他标注样式进行比较，或者删除或重命名该替代。

◀ 5.7 项目实训 ▶

请为图 5-50 进行尺寸标注。

尺寸标注

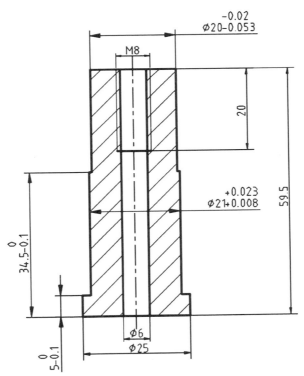

图 5-50 进行尺寸标注

1. 创建尺寸标注层

图层颜色为蓝色，线型为 Continuous，线宽为默认。

2. 创建标注样式

选择【数字和字母】文字样式（见图 5-51），新建线性标注样式，具体见 5.1.3 常用的尺寸标注样式。

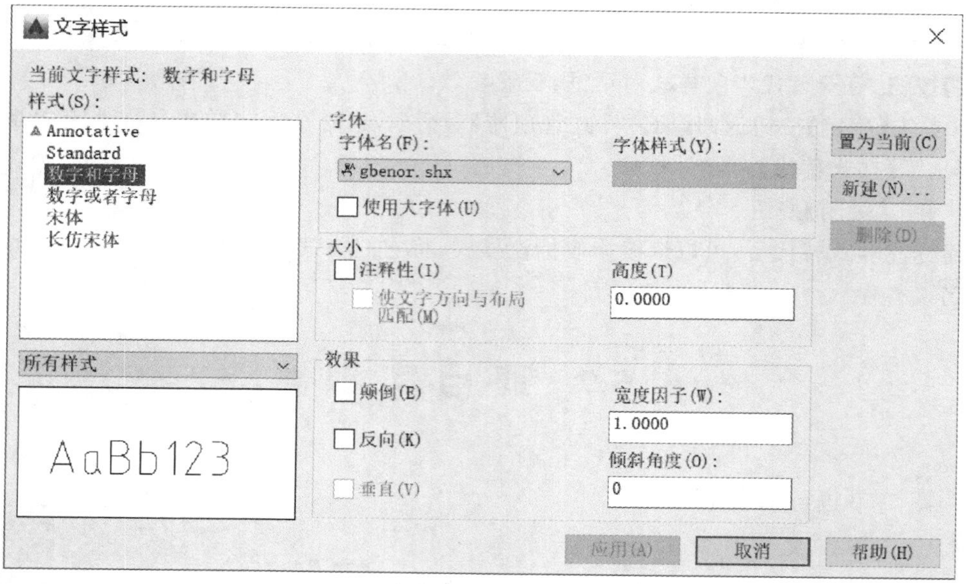

图 5-51 选择【数字和字母】样式

3. 尺寸标注

(1) 不含公差的尺寸。单击┡线性标注按钮,以 $\phi25$ 这个尺寸为例,命令行提示如下。

```
命令:_dimlinear
指定第一条延伸线原点或 <选择对象>:                         //单击拾取图形左下角点
指定第二条延伸线原点:                                    //单击拾取图形右下角点
指定尺寸线位置或
[多行文字(M)/文字(T)/角度(A)/水平(H)/垂直(V)/旋转(R)]:T      //输入 T 后按回车键
输入标注文字 <25>:%%c25                     //输入%%c25后回车(%%c控制符代表 φ)
指定尺寸线位置或
[多行文字(M)/文字(T)/角度(A)/水平(H)/垂直(V)/旋转(R)]:  //单击鼠标左键确定尺寸线位置
标注文字=25
```

(2) 含公差的尺寸。单击┡线性标注按钮。以 $\phi20^{-0.02}_{-0.053}$ 这个尺寸为例,命令行提示如下。

```
命令:_dimlinear
指定第一条延伸线原点或 <选择对象>:                         //单击拾取图形左上角点
指定第二条延伸线原点:                                    //单击拾取图形右上角点
指定尺寸线位置或
[多行文字(M)/文字(T)/角度(A)/水平(H)/垂直(V)/旋转(R)]:M
```

选择多行文字,输入%%c,将光标移到系统测量值 20 后,输入"$-0.02^{\wedge}-0.053$",选中它,并单击堆叠按钮 ᵇ/ₐ,出现 $\phi20^{-0.02}_{-0.053}$,单击【确定】即可。

```
指定尺寸线位置或
[多行文字(M)/文字(T)/角度(A)/水平(H)/垂直(V)/旋转(R)]:      //单击确定尺寸线位置,完成标注
```

习 题

一、单选题

1. 执行哪项命令,可打开【标注样式管理器】对话框,在其中可对标注样式进行设置?( )

A.dimradius B.dimstyle

C.dimdiameter D.dimlinear

2. 下面哪个命令用于标注在同一方向上连续的线性尺寸或角度尺寸?( )

A.dimbaseline B.dimcontinue

C.mleader D.qdim

3. 不属于基本标注类型的标注是( )。

A.对齐标注 B.快速标注

C.基线标注 D.线性标注

4. ( )命令用于创建平行于所选对象或平行于两尺寸界线源点连线的直线型尺寸。

A.对齐标注 B.快速标注

C.连续标注 D.线性标注

5. 下面哪个命令用于测量并标注被测对象之间的夹角?( )

A.dimangular B.angular

C.qdim D.dimradius

6. 快速标注的命令是( )。

A.qdim B.qdimi.ine

C.dim D.qleader

7. 如果在一个线性标注数值前面添加直径符号,则应用( )命令。

A.％％d B.％％u

C.％％o D.％％c

二、标注尺寸

1. 根据实际尺寸按 1:1 比例绘制图 5-52 所示图形,并标注尺寸。

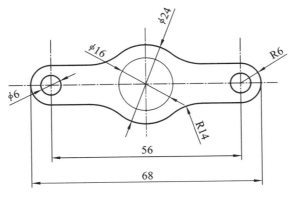

图 5-52

2. 设置图形界限,按 1:1 绘制如图 5-53～图 5-58 所示的图形,建立尺寸标注层,设置合适的尺寸标注样式,完成图形。

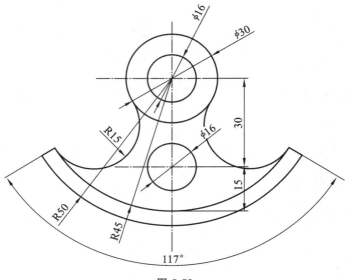

图 5-53

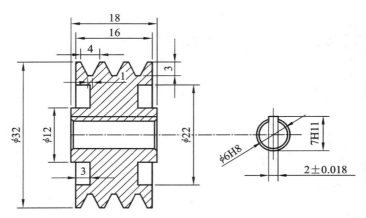

图 5-54

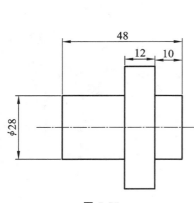

图 5-55

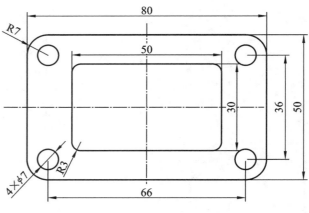

图 5-56

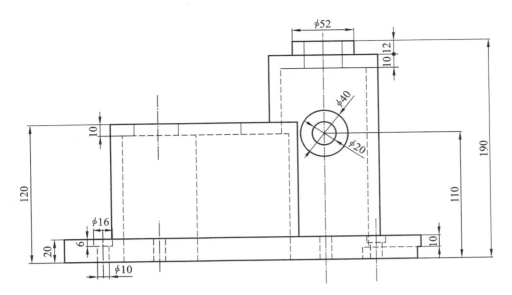

图 5-57

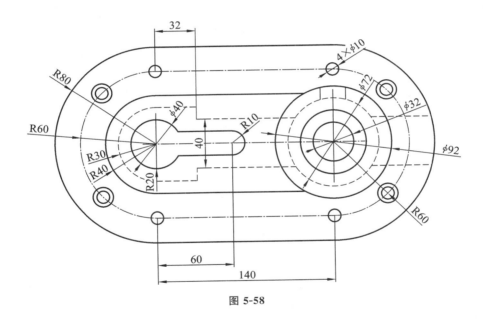

图 5-58

第6章

机电绘图基础

【章节提要】

本章是电气机械制图的基础知识,重点讲述机械及电气工程 CAD 制图规范、符号及画法使用命令、文字符号和项目代号等内容。

【学习目标】

- 掌握机械电气工程 CAD 制图规范。
- 掌握机械电气图形符号及画法使用命令,能在实际绘图中应用自如。
- 掌握机械电气技术中的文字符号和项目代号。

◀ 6.1　工程图制图规范 ▶

电气工程和机械工程部门设计、绘制图样,施工单位按图样组织工程施工,所以图样必须符合设计和施工等部门共同遵守的格式和基本规定,本节简要介绍国家标准《电气工程 CAD 制图规则》(GB/T 18135—2008)和《机械工程 CAD 制图规则》(GB/T 14665—2012)中常用的有关规定。

6.1.1　图纸的幅面和格式

1. 图纸的幅面

绘制图样时,图纸幅面尺寸应优先采用表 6-1 中规定的基本幅面。

表 6-1　图纸的基本幅面及图框尺寸 单位:mm

幅面代号	A0	A1	A2	A3	A4
B×L	841×1189	594×841	420×594	297×420	210×297
a			25		
c		10		5	
e		20		10	

注:①a、c、e 为留边宽度。②图纸幅面代号由"A"和相应的幅面号组成,即 A0～A4。

电气图纸的尺寸应符合 ISO 5457:1999 的 3.1。当主要采用示意图或简图的表达形式时,推荐采用 A3 幅面,且规定的加长尺寸不适用。

图框线必须用粗实线绘制。图框格式分为留有装订边和不留装订边两种,如图 6-1 和图 6-2 所示。但应注意,同一产品的图样只能采用一种格式。

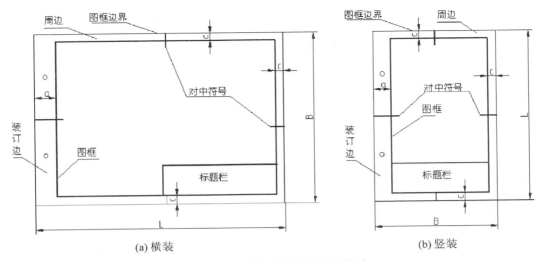

(a) 横装   (b) 竖装

图 6-1 留有装订边图样的图框格式

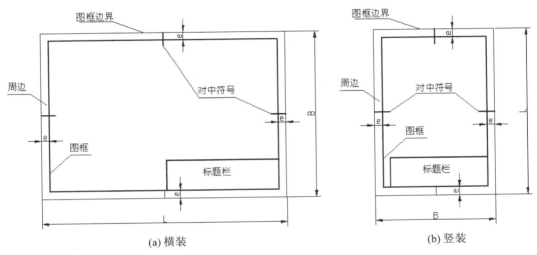

(a) 横装   (b) 竖装

图 6-2 不留装订边图样的图框格式

国家标准规定,工程图样中的尺寸以毫米为单位时,无须标注单位符号(或名称)。如采用其他单位,则必须注明相应的单位符号。为了确定图中内容的位置及其他用途,往往需要将一些幅面较大的、内容复杂的电气图进行分区,如图 6-3 所示。

图幅的分区方法:将图纸相互垂直的两边各自加以等分,竖边方向用大写拉丁字母编号,横边方向用阿拉伯数字编号,编号的顺序应从标题栏相对的左上角开始,分区数应为偶数;每一分区的长度一般应不小于 25mm,不大于 75 mm,对分区中符号应以粗实线给出,其线宽不宜小于 0.5 mm。

图纸分区后,相当于在图样上建立了一个坐标。电气图上的元件和连接线的位置可由此“坐标”而唯一地确定下来。

2. 标题栏

标题栏是用来确定图样的名称、图号、张次、更改和有关人员签署等内容的栏目,位于图样

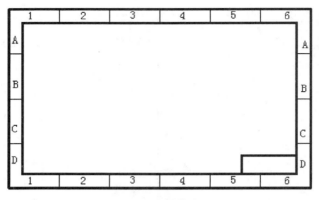

图 6-3　图幅的分区

的右下方。图中的说明、符号均应以标题栏的文字方向为准。

通常采用的标题栏格式应有以下内容：设计单位名称、工程名称、项目名称、图名、图号等。电气和机械工程图中常用如图 6-4、图 6-5 所示标题栏格式，可供读者借鉴。

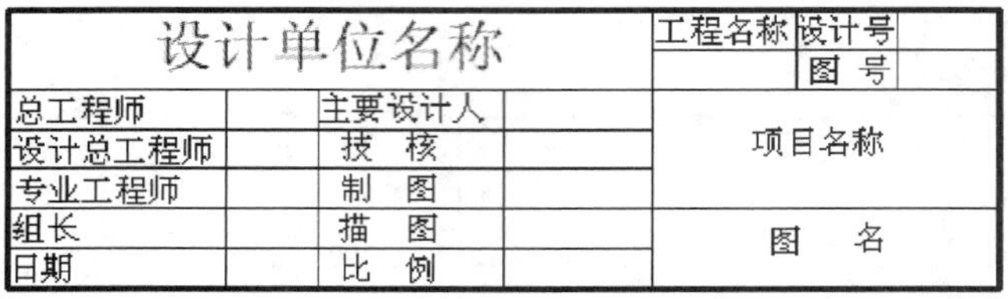

设计单位名称		工程名称	设计号
			图　号
总工程师	主要设计人	项目名称	
设计总工程师	技　核		
专业工程师	制　图		
组长	描　图	图　　名	
日期	比　例		

图 6-4　电气制图标准标题栏格式

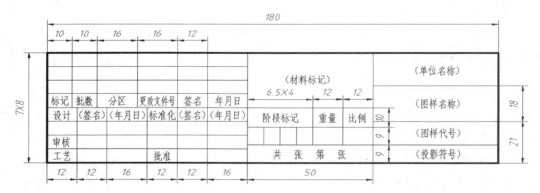

图 6-5　机械制图标准标题栏格式

练习时，可采用如图 6-6 所示的标题栏格式。

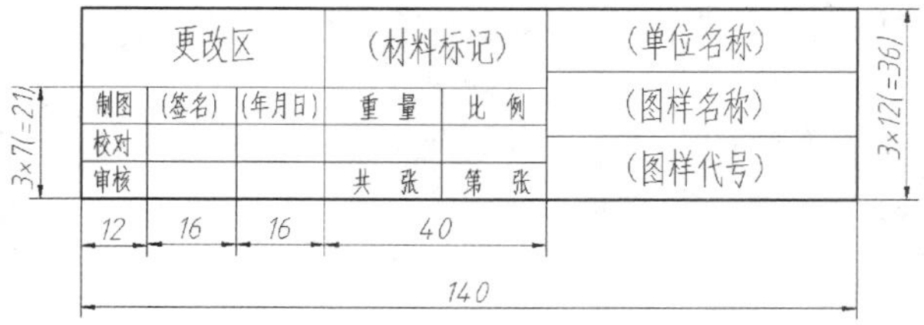

更改区			（材料标记）		（单位名称）
制图	（签名）	（年月日）	重　量	比　例	（图样名称）
校对					（图样代号）
审核			共　张　第　张		

图 6-6　练习用标题栏

6.1.2 比例

比例是指图中图形与其实物相应要素的线性尺寸之比。

绘制图样时,应优先选择表 6-2 中的优先使用比例。必要时也可以从允许使用比例中选取。

表 6-2 绘图的比例

种类		比例
原值比例		1:1
放大比例	优先使用	5:1 2:1 $5 \times 10^n:1$ $2 \times 10^n:1$ $1 \times 10^n:1$
	允许使用	4:1 2.5:1 $4 \times 10^n:1$ $2.5 \times 10^n:1$
缩小比例	优先使用	1:2 1:5 1:10 $1:2 \times 10^n$ $1:5 \times 10^n$ $1:1 \times 10^n$
	允许使用	1:1.5 1:2.5 1:3 1:4 1:6 $1:1.5 \times 10^n$ $1:2.5 \times 10^n$ $1:3 \times 10^n$ $1:4 \times 10^n$ $1:6 \times 10^n$

注:n 为正整数。

6.1.3 字体

在图样上除了要用图形来表达机件的结构形状,还必须用数字及文字来说明机件的大小和技术要求等其他内容。

1. 基本规定

在图样和技术文件中书写的汉字、数字和字母,都必须做到:字体工整、笔画清楚、间隔均匀、排列整齐。字体的号数代表字体高度(用 h 表示)。字体高度的公称尺寸系列为:1.8、2.5、3.5、5、7、10、14、20 mm,汉字应写成长仿宋体。字母和数字分 A 型和 B 型。A 型字体的笔画宽度 $d=h/14$,B 型字体的笔画宽度 $d=h/10$。在同一张图样上,只允许选用一种形式的字体。字母和数字可写成斜体和直体。斜体字字头向右倾斜,与水平基准线成 75°。

2. 机械图样字体与图幅关系

机械工程的 CAD 制图所使用的字体,应做到字体端正、笔画清楚、排列整齐、间隔均匀。数字一般应以正体输出。字母除表示变量外,一般应以正体输出。汉字在输出时一般采用正体,并采用国家正式公布和推行的简化字。标点符号应按《标点符号用法》(GB/T 15834—2011)的规定正确使用。

机械工程的 CAD 制图规定,字体与图纸幅面之间的选用关系见表 6-3。

表 6-3 字体与图纸幅面之间的选用关系

字符类别	图幅				
	A0	A1	A2	A3	A4
	字高				
字母和数字	5			3.5	
汉字	7			5	

6.1.4 图线及其画法

图线是指起点和终点间以任意方式连接的一种几何图形，它是组成图形的基本要素，可以是直线或曲线、连续线或不连续线。国家标准中规定了在电气工程图样中使用的 6 种图线，其形式、宽度和主要用途见表 6-4。

表 6-4 常用图线的形式、宽度和主要用途

图线名称	图线形式	图线宽度	主要用途
粗实线	————————————	b	电气线路、一次线路
细实线	————————————	约 b/3	二次线路、一般线路
虚线	— — — — — — — —	约 b/3	屏蔽线、机械连线
细点画线	— · — · — · — · —	约 b/3	控制线、信号线、围框线
粗点画线	— · — · — · — · —	b	有特殊要求线
双点画线	— ·· — ·· — ·· —	约 b/3	原轮廓线

图线宽度分为粗、细两种。以粗线宽度为基础，粗线的宽度 b 应按图的大小和复杂程度，在 0.5～2 mm 选择，细线的宽度应为粗线宽度的 1/3。图线宽度的推荐系列为 0.18、0.25、0.35、0.5、0.7、1、1.4、2 mm。若各种图线重合，应按粗实线、点画线、虚线的先后顺序选用线型。

为了编译机械工程图的 CAD 制图需求，将《技术制图 图线》(GB/T 17450—1998)中所规定的 8 种线型分为以下几组(见表 6-5)，一般优先选第 4 组。

表 6-5 机械工程图线宽和用途

组别	分组					一般用途
	1	2	3	4	5	
线宽 /mm	2.0	1.4	1.0	0.70	0.50	粗实线、粗点画线、粗虚线
	1.0	0.7	0.5	0.35	0.25	细实线、波浪线、双折线、细虚线、细点画线、细双点画线

屏幕上显示的图线，一般应按表 6-6 提供颜色显示，制图时可以参考。

表 6-6 图线类型和颜色

图线类型		屏幕上的颜色
粗实线	————————————	白色
细实线	————————————	绿色
波浪线	～～～～～	
双折线	—∿—∿—∿—	
细虚线	- - - - - - - - -	黄色
粗虚线	━ ━ ━ ━ ━	白色
细点画线	— · — · —	红色
粗点画线	━ · ━ · ━	棕色
细双点画线	— ·· — ·· —	粉红色

◀ 6.2 电气图形符号 ▶

在绘制电气图形时,一般用图样或其他文件来表示一个设备或概念的图形、标记或字符的符号称为电气图形符号。电气图形符号只要示意图形绘制,不需要精确比例。

6.2.1 电气图用图形符号

1. 图形符号的分类

电气图用图形符号通常由一般符号、符号要素、限定符号、方框符号和组合符号等组成。

电气图形符号

2. 图形符号的画法

电气图形常用图形符号及画法使用命令见表 6-7。

表 6-7 电气图形常用图形符号及画法使用命令

图 形 符 号	说 明	画法使用命令
G ~	交流发电机	圆 ⊘、多行文字 A
M ~	交流电动机	圆 ⊘、多行文字 A
M 3~	三相笼型异步电动机	直线 ╱、圆 ⊘、多行文字 A
M 3~	三相绕线型异步电动机	直线 ╱、圆 ⊘、多行文字 A
G —	直流发电机	圆 ⊘、多行文字 A
M —	直流电动机	圆 ⊘、多行文字 A
SM —	直流伺服电动机	圆 ⊘、多行文字 A

图 形 符 号	说　　　明	画法使用命令
(SM) ~	交流伺服电动机	圆、多行文字 A
(TG) —	直流测速发电机	圆、多行文字 A
(TG) ~	交流测速发电机	圆、多行文字 A
(TM) ⌐	步进电动机	圆、多行文字 A
═ ═	直流电 电压可标注在符号右边,系统类型可标注在左边	直线
∿	交流电 频率或频率范围可标注在符号的左边	样条曲线
∿	交直流	直线、样条曲线
＋	正极性	直线
—	负极性	直线
►—	运动方向或力	引线
→	能量、信号传输方向	直线
⏚	接地符号	直线
⏛	接机壳	直线
▽	等电位	正三角形、直线

图 形 符 号	说　　明	画法使用命令
	故障	引线 、直线
	导线的连接	直线 、圆 、图案填充
	导线跨越而不连接	直线
	电阻器的一般符号	矩形 、直线
	电容器的一般符号	直线 、圆弧
	电感器、线圈、绕组、扼流圈	直线 、圆弧
	原电池或蓄电池	直线
	动合（常开）触点	直线
	动断（常闭）触点	直线
	延时闭合的动合（常开）触点 带时限的继电器和接触器触点	
	延时断开的动合（常开）触点	直线 、圆弧
	延时闭合的动断（常闭）触点	
	延时断开的动断（常闭）触点	

图 形 符 号	说　　明	画法使用命令
	手动开关的一般符号	直线
	按钮开关	
	位置开关,动合触点 限制开关,动合触点	
	位置开关,动断触点 限制开关,动断触点	
	多极开关的一般符号,单线表示	
	多极开关的一般符号,多线表示	直线
	隔离开关的动合(常开)触点	
	负荷开关的动合(常开)触点	直线 、圆弧
	断路器(自动开关)的动合(常开)触点	直线
	接触器动合(常开)触点	直线 、圆弧
	接触器动断(常闭)触点	
	继电器、接触器等的线圈一般符号	矩形 、直线
	缓吸线圈(带时限的电磁电器线圈)	
	缓放线圈(带时限的电磁电器线圈)	直线 、矩形 、图案填充
	热继电器的驱动器件	直线 、矩形

图形符号	说　明	画法使用命令
	热继电器的触点	直线
	熔断器的一般符号	直线、矩形
	熔断器式开关	直线、矩形、旋转
	熔断器式隔离开关	
	跌开式熔断器	直线、矩形、旋转、圆
	避雷器	矩形、图案填充
●	避雷针	圆、图案填充
	电机的一般符号 可用文字和符号加以区别： C—同步变流机 G—发电机 GS—同步发电机 M—电动机 MG—能作为发电机或电动机使用的电机 MS—同步电动机 SM—伺服电机 TG—测速发电机 TM—力矩电动机 IS—感应同步器	直线
	双绕组变压器，电压互感器	直线、圆、复制、修剪
	三绕组变压器	
	电流互感器	
	电抗器，扼流圈	直线、圆、修剪

图 形 符 号	说　　明	画法使用命令
	自耦变压器	直线 、圆 、圆弧
(V)	电压表	
(A)	电流表	圆 、多行文字 A
(COSφ)	功率因数表	
Wh	电度表	矩形 、多行文字 A
	钟	圆 、直线 、修剪
	电铃	
	电喇叭	矩形 、直线
	蜂鸣器	圆 、直线 、修剪
	调光器	圆 、直线
t	限时装置	矩形 、多行文字 A
	导线、导线组、电线、电缆、电路、传输通路等线路母线一般符号	直线
	中性线	圆 、直线 、图案填充
	保护线	直线
	灯的一般符号	直线 、圆
○A–B C	电杆的一般符号	圆 、多行文字 A
11 12 13 14 15	端子板	矩形 、多行文字 A
	屏、台、箱、柜的一般符号	矩形

图 形 符 号	说　明	画法使用命令
	动力或动力-照明配电箱	矩形 ▭ 、图案填充
	单项插座	圆 、直线 、修剪
	密闭（防水）	圆 、直线 、修剪
	防爆	圆 、直线 、修剪 、图案填充
	电信插座的一般符号 可用文字和符号加以区别： TP—电话 TX—电传 TV—电视 *—扬声器 M—传声器 FM—调频	直线 、修剪
	开关的一般符号	圆 、直线
	钥匙开关	矩形 ▭ 、圆 、直线
	定时开关	矩形 ▭ 、圆 、直线
	阀的一般符号	直线
	电磁制动器	矩形 ▭ 、直线
	按钮的一般符号	圆
	按钮盒	矩形 ▭ 、圆
	电话机的一般符号	矩形 ▭ 、圆 、修剪
	传声器的一般符号	圆 、直线
	扬声器的一般符号	矩形 ▭ 、直线
	天线的一般符号	直线

图 形 符 号	说　　　明	画法使用命令
	放大器的一般符号 中断器的一般符号,三角形指传输方向	正三角形 ⬠、直线 ╱
	分线盒一般符号	
	室内分线盒	圆 ◔、修剪 ─╱─、直线 ╱
	室外分线盒	
	变电所	
	杆式变电所	圆 ◔
	室外箱式变电所	直线 ╱、矩形 ▭、图案填充 ▨
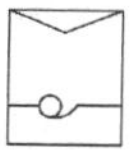	自耦变压器式启动器	矩形 ▭、圆 ◔、直线 ╱
	真空二极管	
	真空三极管	圆 ◔、直线 ╱
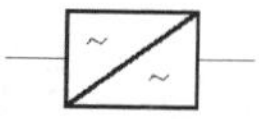	整流器框形符号	矩形 ▭、直线 ╱

6.2.2　电气设备用图形符号

1. 电气设备用图形符号的用途

电气设备用图形符号是完全区别于电气图用图形符号的另一类符号。电气设备用图形符号主要用于各种类型的电气设备或电气设备部件,使操作人员了解其用途和操作方法。这些符号也可用于安装或移动电气设备的场合,以指出诸如禁止、警告、规定或限制等应注意的事项。

在电气图中,尤其是在某些电气平面图、电气系统说明书用图等中,也可以适当使用这些符号,以补充这些图形所包含的内容。

设备用图符号与电气简图用图符号的形式大部分是不同的,但有一些也是相同的,不过含义大不相同。例如,设备用熔断器符号虽然与电气简图用图符号的形式是一样的,但电气简图用熔断器符号表示的是一类熔断器。而设备用图符号如果标在设备外壳上,则表示熔断器盒及其位置;如果标在某些电气图上,也仅仅表示这是熔断器的安装位置。

2. 常用电气设备用图形符号

常用电气设备用图形符号分为 6 个部分:通用符号,广播、电视及音响设备符号,通信、测量、定位符号,医用设备符号,电话教育设备符号,家用电器及其他符号,如表 6-8 所示。

表 6-8　常用电气设备用图形符号

名　称	符　号	应 用 范 围
直流电		适用于直流电的设备的铭牌上,以及用来表示直流电的端子
交流电		适用于交流电的设备的铭牌上,以及用来表示交流电的端子
正极		表示使用或产生直流电设备的正端
负极		表示使用或产生直流电设备的负端
电池检测		表示电池测试按钮和表明电池情况的灯或仪表
电池定位		表示电池盒本身及电池的极性和位置
整流器		表示整流设备及其有关接线端和控制装置
变压器		表示电气设备可通过变压器与电力线连接的开关、控制器、连接器或端子,也可用于变压器包封或外壳上
熔断器		表示熔断器盒及其位置
测试电压		表示该设备能承受 500 V 的测试电压
危险电压		表示引起危险的电压
接地		表示接地端子
保护接地		表示在发生故障时防止电击的与外保护导线相连接的端子,或与保护接地相连接的端子
接机壳、接机架		表示连接机壳、机架的端子
输入		表示输入端
输出		表示输出端
过载保护装置		表示一个设备装有过载保护装置

名　称	符　号	应　用　范　围
通	│	表示已接通电源,必须标在开关的位置
断	○	表示已与电源断开,必须标在开关的位置
可变性(可调性)	◿	表示量的被控方式,被控量随图形的宽度而增加
调到最小	⋁	表示量值调到最小值的控制
调到最大	⌂	表示量值调到最大值的控制
灯、照明设备	☼	表示控制照明光源的开关
亮度、辉度	☼	表示亮度调节器、电视接收机等设备的亮度、辉度控制
对比度	◑	表示电视接受机等的对比度控制
色饱和度	◉	表示彩色电视机等设备上的色彩饱和度控制

◀ 6.3　电气技术中的文字符号和项目代号 ▶

　　一个电气系统或一种电气设备通常都是由各种基本件、部件、组件等组成的,为了在电气图上或其他技术文件中表示这些基本件、部件、组件,除了采用各种图形符号,还须标注一些文字符号和项目代号,以区别这些设备及线路的功能、状态和特征等。

6.3.1　文字符号

　　文字符号通常由基本文字符号、辅助文字符号和数字序号组成,用于提供电气设备、装置和元器件的种类字母代码和功能字母代码。

1. 基本文字符号

基本文字符号分为单字母符号和双字母符号两种。

(1)单字母符号。

单字母符号是用英文字母将各种电气设备、装置和元器件划分为 23 大类,每一大类用一个专用字母符号表示,如"R"表示电阻类,"Q"表示电力电路的开关器件等,如表 6-9 所示。其中,字母"I"和"O"易同阿拉伯数字"1"和"0"混淆,不允许使用,字母"J"也未采用。

表 6-9　电气图常用的单字母符号

符号	项目种类	举例
A	组件、部件	分离元件放大器、磁放大器、激光器、微波激光器、印制电路板等组件、部件
B	变换器（从非电量到电量或相反）	热电传感器、热电偶
C	电容器	
D	二进制单元、延迟器件、存储器件	数字集成电路和器件、延迟线、双稳态元件、单稳态元件、磁芯储存器、寄存器、磁带记录机、盘式记录机
E	杂项	光器件、热器件、本表其他地方未提及元件
F	保护电器	熔断器、过电压放电器件、避雷器
G	发电机、电源	旋转发电机、旋转变频机、电池、振荡器、石英晶体振荡器
H	信号器件	光指示器、声指示器
K	继电器、接触器	—
L	电感器、电抗器	感应线圈、线路陷波器、电抗器
M	电动机	—
N	模拟集成电路	运算放大器、模拟/数字混合器件
P	测量设备、试验设备	指示、记录、计算、测量设备、信号发生器、时钟
Q	电力电路开关	断路器、隔离开关
R	电阻器	可变电阻器、电位器、变阻器、分流器、热敏电阻
S	控制电路的开关选择器	控制开关、按钮、限制开关、选择开关、选择器、拨号接触器、连接级
T	变压器	电压互感器、电流互感器
U	调制器、变换器	鉴频器、解调器、变频器、编码器、逆变器、电报译码器
V	电真空器件、半导体器件	电子管、气体放电管、晶体管、晶闸管、二极管
W	传输导线、波导、天线	导线、电缆、母线、波导、波导定向耦合器、偶极天线、抛物面天线
X	端子、插头、插座	插头和插座、测试塞空、端子板、焊接端子、连接片、电缆封端和接头
Y	电气操作的机械装置	制动器、离合器、气阀
Z	终端设备、混合变压器、滤波器、均衡器、限幅器	电缆平衡网络、压缩扩展器、晶体滤波器、网络

（2）双字母符号。

双字母符号是由表 6-10 中的一个表示种类的单字母符号与另一个字母组成,其组合形式为:单字母符号在前、另一个字母在后。双字母符号可以较详细和更具体地表达电气设备、装置和元器件的名称。双字母符号中的另一个字母通常选用该类设备、装置和元器件的英文名的首字母,或常用缩略语,或约定俗成习惯用字母。例如,"G"为发电机英文名的首字母,则同步发电机的双字母符号为"GS"。

电气图中常用的双字母符号如表 6-10 所示。

表 6-10　电气图中常用的双字母符号

设备、装置和元器件种类	名　称	单字母符号	双字母符号
组件和部件	天线放大器	A	AA
	控制屏		AC
	晶体管放大器		AD
	应急配电箱		AE
	电子管放大器		AV
	磁放大器		AM
	印制电路板		AP
	仪表柜		AS
	稳压器		AS
非电量到电量变换器或电量到非电量变换器	变换器	B	
	扬声器		
	压力变换器		BP
	位置变换器		BQ
	速度变换器		BV
	旋转变换器(测速发电机)		BR
	温度变换器		BT
电容器	电容器	C	
	电力电容器		CP
其他元器件	本表其他地方未规定器件	E	
	发热器件		EH
	发光器件		EL
	空气调节器		EV
保护电器	避雷器	F	FL
	放电器		FD
	具有瞬时动作的限流保护器件		FA
	具有延时动作的限流保护器件		FR
	具有瞬时和延时动作的限流保护器件		FS
	熔断器		FU
	限压保护器件		FV

设备、装置和元器件种类	名　称	单字母符号	双字母符号
信号发生器、发电机、电源	发电机	G	
	同步发电机		GS
	异步发电机		GA
	蓄电池		GB
	直流发电机		GD
	交流发电机		GA
	永磁发电机		GM
	水轮发电机		GH
	汽轮发电机		GT
	风力发电机		GW
	信号发生器		GS
信号器件	声响指示器	H	HA
	光指示器		HL
	指示灯		HL
	蜂鸣器		HZ
	电铃		HE
继电器和接触器	电压继电器	K	KV
	电流继电器		KA
	中间继电器		KA
	时间继电器		KT
	频率继电器		KF
	压力继电器		KP
	控制继电器		KC
	信号继电器		KS
	接地继电器		KE
	接触器		KM
电感器和电抗器	扼流线圈	L	LC
	励磁线圈		LE
	消弧线圈		LP
	陷波器		LT

设备、装置和元器件种类	名　　称	单字母符号	双字母符号
电动机	电动机	M	
	直流电动机		MD
	力矩电动机		MT
	交流电动机		MA
	同步电动机		MS
	绕线转子异步电动机		MM
	伺服电动机		MV
测量设备和试验设备	电流表	P	PA
	电压表		PV
	(脉冲)计数器		PC
	频率表		PF
	电能表		PJ
	温度计		PH
	电钟		PT
	功率表		PW
电力电路开关	断路器	Q	QF
	隔离开关		QS
	负荷开关		QL
	自动开关		QA
	转换开关		QC
	刀开关		QK
	转换(组合)开关		QT
电阻器	电阻器、变阻器	R	
	附加电阻器		RA
	制动电阻器		RB
	频敏变阻器		RF
	压敏电阻器		RV
	热敏电阻器		RT
	起动电阻器(分流器)		RS
	光敏电阻器		RL
	电位器		RP

续表

设备、装置和元器件种类	名　　称	单字母符号	双字母符号
控制电路的开关选择器	控制开关	S	SA
	选择开关		SA
	按钮开关		SB
	终点开关		SE
	限位开关		SLSS
	微动开关		
	接近开关		SP
	行程开关		ST
	压力传感器		SP
	温度传感器		ST
	位置传感器		SQ
	电压表转换开关		SV
变压器	变压器	T	
	自耦变压器		TA
	电流互感器		TA
	控制电路电源用变压器		TC
	电炉变压器		TF
	电压互感器		TV
	电力变压器		TM
	整流变压器		TR
调制器、变换器	整流器	U	
	解调器		UD
	频率变换器		UF
	逆变器		UV
	调制器		UM
	混频器		UM
电真空器件、半导体器件	控制电路用电源的整流器	V	VC
	二极管		VD
	电子管		VE
	发光二极管		VL
	光敏二极管		VP
	晶体管		VR
	晶体三极管		VT
	稳压二极管		VV

设备、装置和元器件种类	名　　称	单字母符号	双字母符号
传输导线、波导和天线	导线、电缆	W	
	电枢绕组		WA
	定子绕组		WC
	转子绕组		WE
	励磁绕组		WR
	控制绕组		WS
端子、插头、插座	输出口	X	XA
	连接片		XB
	分支器		XC
	插头		XP
	插座		XS
	端子板		XT
电气操作的机械装置	电磁铁	Y	YA
	电磁制动器		YB
	电磁离合器		YC
	防火阀		YF
	电磁吸盘		YH
	电动阀		YM
	电磁阀		YV
	牵引电磁铁		YT
终端设备、混合变压器、滤波器、均衡器、限幅器	衰减器	Z	ZA
	定向耦合器		ZD
	滤波器		ZF
	终端负载		ZL
	均衡器		ZQ
	分配器		ZS

2. 辅助文字符号

辅助文字符号是用来表示电气设备、装置和元器件以及线路的功能、状态和特征的。如 "ACC"表示加速、"BRK"表示制动等。辅助文字符号也可以放在表示种类的单字母符号后边组成双字母符号,如"SP"表示压力传感器。若辅助文字符号由两个以上字母组成,为简化文字符号,只允许采用第一位字母进行组合,如"MS"表示同步电动机。辅助文字符号还可以单独使用,如"OFF"表示断开、"DC"表示直流等。辅助文字符号一般不能超过三位字母。

电气图中常用的辅助文字符号如表 6-11 所示。

表 6-11　电气图中常用的辅助文字符号

名　称	符　号	名　称	符　号
电流	A	低,左,限制	L
交流	AC	闭锁	LA
自动	AUT	主,中,手动	M
加速	ACC	手动	MAN
附加	ADD	中性线	N
可调	ADJ	断开	OFF
辅助	AUX	闭合	ON
异步	ASY	输出	OUT
制动	BRK	保护	P
黑	BK	保护接地	PE
蓝	BL	保护接地与中性线共用	PEN
向后	BW	不保护接地	PU
控制	C	反,由,记录	R
顺时针	CW	红	RD
逆时针	CCW	复位	RST
降	D	备用	RES
直流	DC	运转	RUN
减	DEC	信号	S
接地	E	起动	ST
紧急	EM	置位,定位	SET
快速	F	饱和	SAT
反馈	FB	步进	STE
向前,正	FW	停止	STP
绿	GN	同步	SYN
高	H	温度,时间	T
输入	IN	真空,速度,电压	V
增	ING	白	WH
感应	IND	黄	YE

3. 文字符号的组合

文字符号的组合形式一般为:基本符号＋辅助符号＋数字序号。

例如,第一台电动机,其文字符号为 M1;第一个接触器,其文字符号为 KM1。

4. 特殊用途文字符号

在电气图中,一些特殊用途的接线端子、导线等通常采用一些专用的文字符号。例如,三相交流系统电源分别用"L1、L2、L3"表示,三相交流系统的设备分别用"U、V、W"表示。

6.3.2 项目代号

项目代号是用来识别图形、表格和设备上的项目种类,并提供项目的层次关系、实际位置等信息的一种特定的代码。完整的项目代号包括 4 个相关信息的代号段。每个代号段都用特定的前缀符号加以区别。

完整项目代号的组成如表 6-12 所示。

表 6-12　完整项目代号的组成

代号段	名　称	定　义	前 缀 符 号	示例
第 1 段	高层代号	系统或设备中任何较高层次(对给予代号的项目而言)项目的代号	=	=S2
第 2 段	位置代号	项目在组件、设备、系统或建筑物中的实际位置的代号	+	+C15
第 3 段	种类代号	主要用以识别项目种类的代号	—	—G6
第 4 段	端子代号	用以外电路进行电气连接的电器导电件的代号	:	:11

◀ 6.4　机械图形符号 ▶

6.4.1　斜度和锥度

斜度是指直线或平面相对另一直线或平面的倾斜程度,即两直线或平面间夹角的正切值,通常在图样上将比例简化成 1:n 的形式标注,即:斜度$=\tan\alpha=H/L=1:n$,如图 6-7 所示。

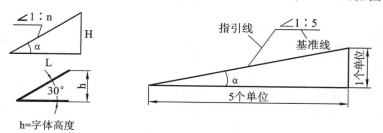

图 6-7　斜度符号及标注

锥度是指正圆锥的底圆直径与高度之比,如果是正圆锥台,则是底圆直径和顶圆直径的差与高度之比,锥度写成 1:n 的形式标注,即:锥度$=D/L=(D-d)/l=1:n$,如图 6-8 所示。

6.4.2　表面粗糙度符号

表面粗糙度是评定零件表面质量的一项重要指标,是机械零件图样中必不可少的一项技术要求。表面粗糙度的评定主要参数有轮廓算术评定偏差 Ra 和轮廓最大高度 Rz,其中应用最多

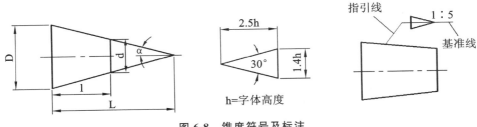

图 6-8　锥度符号及标注

的就是 Ra。其含义如表 6-13 所示。

表 6-13　表面粗糙度符号

符　号	说　　明
√	基本符号,表示该表面可以用任何方法获得
√	基本符号加短画线,表示表面用去除材料方法获得,例如车、铣、钻、磨等
√	基本符号加小圆,表示该表面用去除材料的方法获得,如铸、锻、冲压、热轧等
√ √ √	在上面三个符号的长边加横线,可标注有关参数和说明

在 CAD 绘图中,通常通过创建块命令建立块文件,其尺寸见图 6-9。

表面粗糙度
块创建

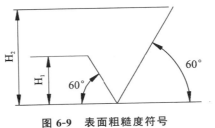

图 6-9　表面粗糙度符号

注:$H_1 = 1.4h$(即比字高大一号,h=字高),$H_2 = 2H_1 + 1$。

6.4.3　几何公差符号

在机械加工过程中,由于机床工艺设备有一定误差等因素,完工零件的几何形状会产生形状误差。精度要求较高的零件,除了尺寸公差,还要根据设计要求,合理确定形状和位置误差的最大允许值,即几何公差,常见的几何公差符号见图 6-10。

左边第一格和最后一格的宽度=格子高度=2h(h=字高),形位尺寸标注时按照字高自动调整,其基准符号见图 6-11,可根据不同基准位置选择。图 6-12 为字高为 3.5 时符号的尺寸样例。

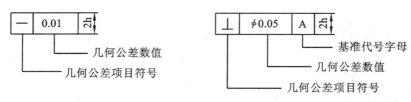

图 6-10 常见的几何公差符号

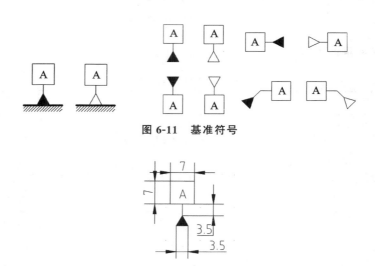

图 6-11 基准符号

图 6-12 字高为 3.5 时符号的尺寸样例

6.4.4 其他符号

如表 6-14 所示，为机械图样中常用的其他符号及名称。

表 6-14 机械图样中常用的其他符号及名称

名 称	符号或缩写词	名 称	符号或缩写词
45°倒角	C	直径	ϕ
深度	x	半径	R
埋头孔	w	球直径	$S\phi$
沉孔	⊔	球半径	SR
均布	EQS	厚度	t
正方形	o		

习 题

1. 机械制图 CAD 常用符号有哪些？

2. 电气制图粗实线的宽度为多少，细实线的宽度为多少？

3. 机械制图的字体、比例是怎样规定的？

4. 电气制图的项目代号怎样使用？

第 7 章

机械零件图的绘制

【章节提要】

本章主要介绍机械零件图的一些基础知识,比如机械零件图的表达方式、常见结构,以案例形式介绍轴套类、轮盘类、叉架类、箱体类零件的绘制步骤和技巧。

【学习目标】

(1) 掌握轴套类、轮盘类零件的绘制和尺寸标注。

(2) 掌握叉架类零件的绘制和尺寸标注。

许多读者在完成以上章节的 AutoCAD 基本命令的学习后,可能会觉得上机绘图效率很低,有时甚至会觉得无从下手。主要原因有:①对一些基本命令缺乏深入了解,以至于不能轻松、灵活地使用各个命令;②缺乏一些技巧,对专业图纸的绘制无从下手。

对于简单的图形,初学者会碰到以下一些问题。

(1) 画图时,有些读者画的图形大小适中,有些读者画的图形很小,甚至看不见。原因可能是绘图区域界限的设定操作没有做,或虽用 limits 命令进行了设定,但却忘了用 zoom 命令中的 all 选项对绘图区域重新进行规整。绘图区域的设定是根据实际的绘图需要进行调整的。

(2) 有些读者用线型名称为"Hidden"或"Center"等的线型画线段,但却发现画出的线段看上去像实线。这是"线型比例"不合适引起的,解决问题的办法是将线型管理器对话框打开,修改其"全局比例因子"至合适的数值即可。

(3) 在进行尺寸标注以后,有时发现不能看到所标注的尺寸文本。这是因为尺寸标注的整体比例因子设置得太小,将尺寸标注方式对话框打开,调大其数值即可。

(4) 在打开一些 AutoCAD 图形时,有时会发现圆变成了正多边形,圆弧变成了折线。这是显示的原因,可以通过单击菜单栏上的【视图】→【重生成】命令调整。

◀ 7.1 基 础 知 识 ▶

7.1.1 零件图的内容

零件是组成机器的最小制造单元。表达零件图结构形状、尺寸和技术要求的图样,称为零件图。零件图是制造和检验零件的重要技术文件。

零件图包含 4 项内容。

(1) 一组视图:用以完整清晰地表达零件的结构形状。

(2) 完整尺寸:表达零件各部分的大小和相对位置。

(3) 标题栏:通常位于视图右下角,用来填写零件的名称、材料、数量、比例、图号等信息。

（4）技术要求：说明零件在制造和检验时应达到的要求，可在视图中使用一些符号、数字、字母或者以文字注释的形式来表示，比如尺寸公差、形位公差、热处理等。

7.1.2　零件图的视图选择和分类

零件的种类繁多，结构也相差很远，常根据结构和用途或者加工制造的特点，将零件分为轴套类、轮盘类、叉架类、箱体类 4 种典型零件。

1. 轴套类零件

轴套类零件的结构形状比较简单，特点是由大小不同的同轴回转体组成，它们的轴向尺寸通常大于径向尺寸，如图 7-1 所示。这类零件上通常会有倒角、倒圆、退刀槽、键槽、花键、中心孔等工艺结构，这些结构都是由设计要求和加工工艺要求所决定的。

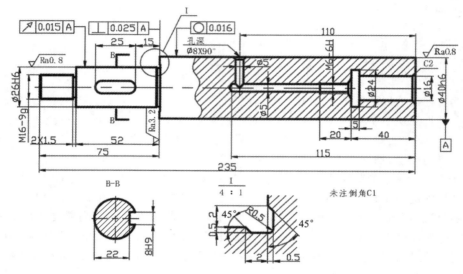

图 7-1　轴套类零件示例

2. 轮盘类零件

轮盘类零件包括各种齿轮、带轮、手轮、盘座等，轮一般用来传递动力和扭矩，盘主要起支撑、轴向定位及密封作用。

1）结构特点

轮盘类零件的主体部分为回转体，径向尺寸较大，轴向尺寸较短，呈扁平的盘状。为了加大结构连接的强度，常有肋板、轮辐等连接结构；为了便于安装紧固，一般有一个与其他零件连接的重要接触面。图 7-2 为轮盘类零件示例。

2）表示方法

轮盘类零件的毛坯多为铸件，主要加工方法为车削、刨削、铣削。选择视图时，一般采用两个基本视图，以车削加工为主的零件将轴线水平放置作为主视图，根据结构形状及位置再选用一个左视图（或右视图）来表达轮盘零件的外形及孔的分布。主视图常采用全剖视图来表达内部结构，有肋板、轮辐结构的常采用断面图来表达其断面形状，细部结构采用局部放大图表达。

3. 叉架类零件

叉架类零件的结构形状差异很大，但大部分有倾斜结构，如拨叉、连杆、拉杆和支架等，一般用来操作机构、调节速度，也可用来支撑和连接等。图 7-3 为叉架类零件示例。

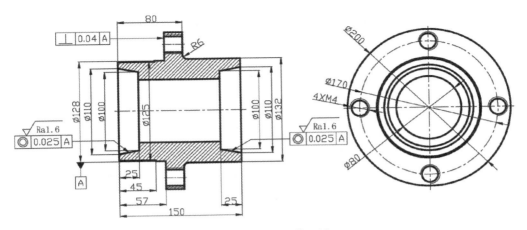

图 7-2　轮盘类零件示例

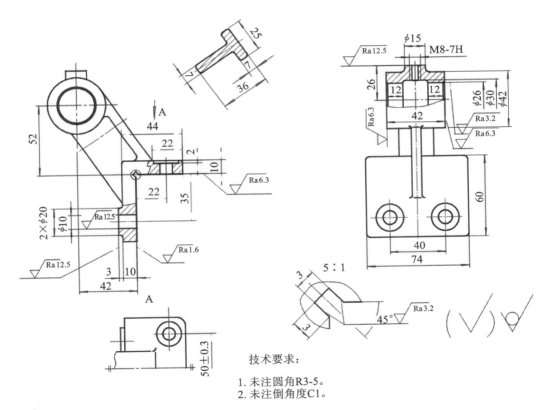

技术要求：

1. 未注圆角R3-5。
2. 未注倒角度C1。

图 7-3　叉架类零件示例

1）结构特点

叉架类零件一般由连接部分、工作部分和安装部分三部分组成，多为锻造件或铸造件，表面多为铸锻表面，接触面为机加工面，加工位置多变。连接部分由工字形、T 形或 U 形肋板等结构组成。工作部分常常呈圆筒状，上面有较多的细小结构，如油孔、油槽、螺孔等。安装部分一般呈板状，上面布有安装孔，常有凸台和凹坑等工艺结构。

2）表达方法

叉架类零件的结构比较复杂,加工位置多变,选择主视图时,这类零件一般根据工作位置、安装位置和形状特征综合考虑来确定主视图投射方向,通常还要选择一个或两个其他基本视图。叉架类零件的连接结构常常为倾斜或者不对称的,还需要斜视图、局部剖视图、断面图等来表达。

4. 箱体类零件

箱体类零件的结构相当复杂且体积较大,多为铸造件,在机器部件中起容纳、支撑、密封和定位等作用,如箱体、泵体、阀体、机座等,如图 7-4 所示。

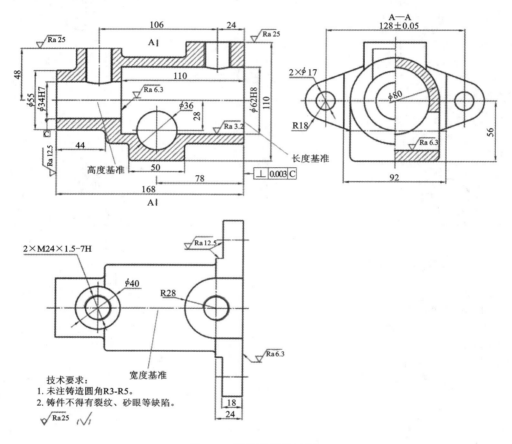

图 7-4 箱体类零件示例

为了能够支撑和容纳其他零件,箱体类零件常有比较复杂的内腔和外形结构,箱壁上常有轴承孔、凸台、肋板等结构。为了能安装在机座上,以及将箱盖、轴承盖安装在其上,箱体类零件常有安装底板、螺栓孔和螺孔;为了符合铸造件制造工艺特点,安装底板和箱壁,凸台外部常有起模斜度、铸造圆角等铸造工艺结构。

7.1.3 绘制零件图前的基本设置

在绘制所有零件图之前,要对绘图环境进行基本的设置,以满足图线和标注的基本要求。其操作步骤如下。

（1）设置 3 种基本线型图层,分别是粗实线图层、细实线图层和点画线图层。根据图纸需要,还可设置虚线图层、双点画线图层等其他图层。

（2）设置两种文字样式,分别是 5 号字样式和 7 号字样式。

（3）设置 3 种尺寸标注样式,分别为长度标注样式、圆弧标注样式和角度标注样式。

（4）绘制图框和标题栏,并填写文字。

◀ 7.2 轴套类零件图的绘制 ▶

轴套类零件主要在车床上加工,按加工位置,轴线水平放置作为主视图,便于加工。视图表达常采用移出断面、局部剖视、放大视图来表达。

轴套类零件多为同轴回转体,结构上基本是对称的,故基本视图中常常画出一半,然后用镜像命令进行镜像。图 7-5 为轴套类零件图的绘制。

轴套类零件图的绘制

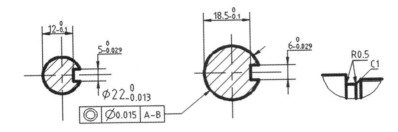

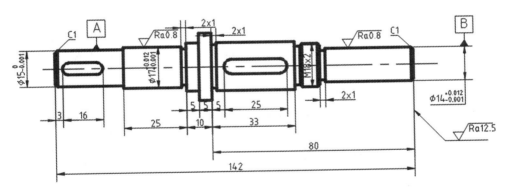

图 7-5　轴套类零件图的绘制

7.2.1 基本视图的绘制

1. 主视图基本轮廓

（1）将“点画线”图层设置为当前图层,打开正交功能,绘制轴线。

（2）切换到“粗实线”图层,从轴线左侧开始绘制上轮廓线。调用直线命令,画出上轮廓线,如图 7-6 所示。

图 7-6　轴线和上轮廓线

（3）调用镜像命令,选择上轮廓线为镜像对象,对其进行镜像,效果如图 7-7 所示。

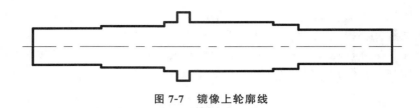

图 7-7　镜像上轮廓线

2. 常见工艺结构的绘制

（1）运用倒角、倒圆类命令绘制倒角，左右两端的倒角距离均为 1，如图 7-8 所示。

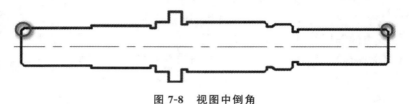

图 7-8　视图中倒角

图 7-8 上的倒角都为 45°，单击倒角命令 ⬡，命令提示如下。

选择第一条直线或 ［放弃(U)/多段线(P)/距离(D)/角度(A)/修剪(T)/方式(E)/多个(M)］:d
指定第一个倒角距离 ＜1.0000＞:1
指定第二个倒角距离 ＜1.0000＞:1
选择第一条直线或 ［放弃(U)/多段线(P)/距离(D)/角度(A)/修剪(T)/方式(E)/多个(M)］:
选择第二条直线，或按住 Shift 键选择要应用角点的直线：　　　//分别单击需要倒角的两条边

（2）砂轮越程槽、螺纹退刀槽：在图 7-9 中，左侧方框所示为 2×1 的砂轮越程槽（见图 7-10），可以用直线、修剪等命令完成；右侧圆圈所示的螺纹退刀槽尺寸为 2×1，即槽宽为 2，槽深为 1（见图 7-11）。

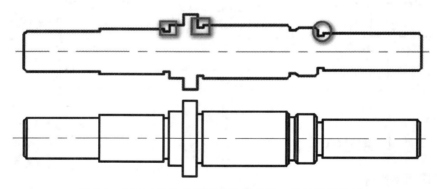

图 7-9　视图中的砂轮越程槽和螺纹退刀槽位置及绘制

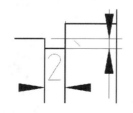

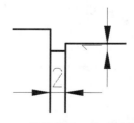

图 7-10　2×1 的砂轮越程槽（左侧方框所示）　　　图 7-11　2×1 的螺纹退刀槽（右侧圆圈所示）

（3）绘制螺纹牙底线，如图 7-12 所示。螺纹牙底线为细实线。根据螺纹规定画法，螺纹小径为大径的 0.85，图示螺纹标注 M20，所以螺纹的小径为 $20 \times 0.85 = 17$。切换到"细实线"图层，以交点为追踪参考点，用对象捕捉追踪，向下移动鼠标，输入距离 8.5，绘制小径线，然后镜像。

（4）齿轮分度线：图 7-5 中没有齿轮结构，这里以图 7-13 为例，如果分度圆直径为 $\phi36$，其线型为"点画线"，单击偏移命令 📐，将水平轴线向上偏移 18，并向下偏移 18，单击这两条线，用夹点编辑将图线缩短。

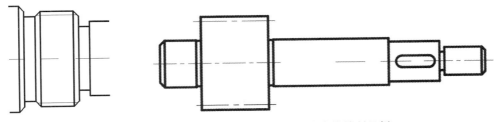

图 7-12　绘制螺纹牙底线　　　　图 7-13　分度线绘制示例

7.2.2　其他视图的绘制

1. 断面图

（1）画中心线：切换到"点画线"图层，先绘制对称中心线。

（2）画基本轮廓：切换到"粗实线"图层，绘制 $\phi22$ 的圆。

（3）画键槽部分：调用直线命令，以圆的圆心为追踪参考，用对象捕捉向右追踪 4；再向上拖动鼠标，输入 3；向右移动鼠标，得到与圆的捕捉交点，如图 7-14（a）所示。如图 7-14（b）所示，用镜像命令镜像前面所绘的两直线，以水平轴线为镜像线，得到键槽的下半部分。如图 7-14（c）所示，用修剪命令，将圆弧上多余图线删掉。

（4）画剖面线：当前图层置为"细实线"图层，用图案填充对封闭区域进行填充，如图 7-14（d）所示。

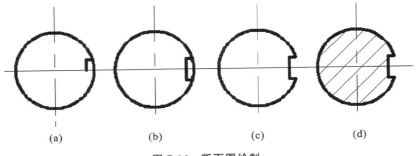

(a)　　　　　(b)　　　　　(c)　　　　　(d)

图 7-14　断面图绘制

2. 局部放大图

（1）切换到"细实线"图层，绘制直径为 5 的圆。

（2）将放大部位连同圆复制到视图以外。

（3）删去圆，用样条曲线绘制局部放大图的边界，并进行修剪。

（4）将整个视图放大 5 倍，如图 7-15 所示。

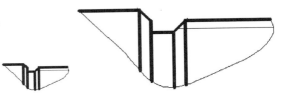

图 7-15　局部放大图绘制

7.2.3　尺寸标注

1. 尺寸标注基础

机械图样中完整的尺寸由尺寸界线、尺寸线、箭头和尺寸数字组成。

（1）尺寸界线：由图形的轮廓线、轴线、对称中心线处引出，轮廓线、轴线或对称中心线本身也可以做尺寸界线，尺寸界线应超出尺寸线2～5 mm。

（2）尺寸线：不能画在其他图线的延长线上。标注线性尺寸时，尺寸线须与所注尺寸方向平行。如果是角度尺寸，应以角的顶点为圆心画圆弧。

（3）尺寸数字：线性尺寸数字标注在尺寸线上方，水平方向尺寸数字字头朝上，垂直方向尺寸数字字头朝左。

2. 线性尺寸设置

在【标注样式管理器】对话框中单击【新建】按钮，弹出【创建新标注样式】对话框，新样式为线性尺寸，单击【继续】按钮，弹出【新建标注样式：线性尺寸】对话框，在该对话框中进行线性尺寸的参数设置。

3. 标注直径

（1）非圆直径。在非圆视图的直径尺寸表中，可以创建一种"非圆直径"标注样式来标注线性直径尺寸，方法是在标注样式设置中将前缀设置为"％％c"，如图7-16所示。

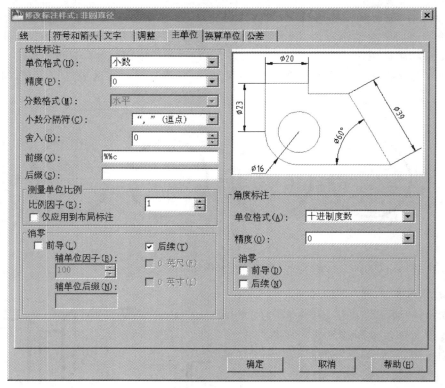

图 7-16　【修改标注样式：非圆直径】对话框

（2）带有公差带代号的直径标注。标注尺寸时可以用基本的长度标注样式,用线性尺寸标注命令;也可以在命令行中输入 M 或 T,手工修改尺寸数字。

（3）带有尺寸上下偏差的直径标注。用线性尺寸标注命令,输入 M,在文字编辑器中输入％％c17＋0.012^-0.001,按住鼠标左键,选中＋0.012^-0.001(见图 7-17),此时单击【文字格式】编辑器上方的堆叠按钮,然后单击【确定】完成标注。

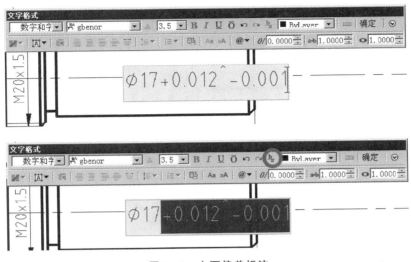

图 7-17　上下偏差标注

4. 标注退刀槽尺寸

退刀槽是切削加工中,为了便于刀具进入或退出切削加工面而留出的,如图 7-18 所示。

在进行磨削加工时,为了使砂轮稍稍越过加工面,通常先加工出砂轮越程槽。

（1）系统默认尺寸设置槽宽尺寸。用"线性尺寸"标注样式,单击【标注】工具栏中的线性标注命令,输入 T,直接输入 2×1。

（2）标注尺寸 2,单击尺寸 2,单击鼠标右键,在弹出的快捷菜单中选择【特性】,或单击,弹出【特性】选项板,如图 7-19 所示。在文字栏中,在【文字替代】中输入<>×2 或直接输入 2×2。

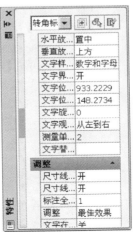

图 7-19　【特性】选项板——【文字替代】

图 7-18　退刀槽尺寸标注

5．标注倒角尺寸

为了便于装配和操作安全，加工时常将孔或轴的端部形成的尖角切削成倒角或倒圆的形状；为了避免应力集中，常将轴肩处加工为倒圆。45°倒角尺寸为 C1，用多重引线命令进行标注，设置引线格式为【倒角引线】格式，如图 7-20 所示。

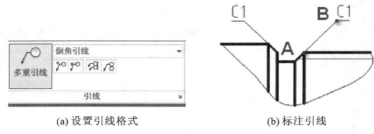

(a) 设置引线格式　　　　　　　(b) 标注引线

图 7-20　倒角引线标注

多重引线命令提示如下。

```
命令：_mleader
指定引线箭头的位置或 [引线基线优先(L)/内容优先(C)/选项(O)]<选项>：
                                        //单击图 7-20 中的 A 点
指定引线基线的位置：                         //单击 B 点
```
在文本框中输入 C1。

7.2.4　技术要求

1．表面粗糙度

根据已经画好的表面粗糙度符号，创建带属性的表面粗糙度代号图块，块名命名为表面粗糙度，基点取三角形最下方顶点。

图块中含有属性，需在块定义前定义属性，然后把属性和图形一起定义成块。表面结构中 Ra 的数值就是"表面粗糙度"的块属性。

（1）打开【多行文字】对话框，文字样式为【数字和字母】，文字高度为 3.5，输入文字 Ra，将文字放到适合位置。

（2）执行【定义属性】命令，打开【属性定义】对话框，填写所需内容。属性标记"Ra"放置到文字"Ra"后面。

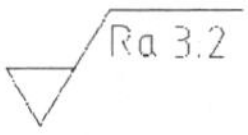

图 7-21　块——表面粗糙度

（3）执行【写块】命令，打开【写块】对话框，将如图 7-21 所示图形作为对象选中，单击【确定】按钮。

（4）弹出【插入】对话框，选择【表面粗糙度】块，单击【确定】按钮。

2．几何公差

1）创建基准符号块

（1）用直线等命令绘制基准符号图形（详细尺寸请参考机械制图相关教材），如图 7-22(a)所示。

（2）定义块属性（添加基准字母）。单击【绘图】→【块】→【定义属性】，执行该命令，打开【属性定义】对话框，按图 7-23 进行参数设置。

单击【确定】按钮后将属性标记 A 放入基准符号方格中，得到图 7-22(b)。

（3）写块。输入 wblock 命令或者单击【写块】命令，弹出【写块】对话框，如图 7-24 所示。

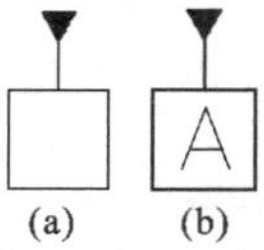

(a)　　(b)

将图 7-22(b)所示对象选中，单击【确定】按钮，带属性的基准符号创建完毕。

图 7-22　基准符号块

图 7-23 【属性定义】对话框

图 7-24 【写块】对话框

（4）插入基准。单击菜单【插入】→【块】，弹出【插入】对话框，如图 7-25 所示。

单击【浏览】按钮，选择桌面文件"基准符号.dwg"块，单击【确定】按钮，回到绘图区域，将基准符号与 φ17 对齐，表示该基准为图示直径为 42 孔的轴线；在命令行中输入 A（或者直接按回车键）。如果基准字母为 A 以外的字母，如 B，需要在命令行中输入 B，效果如图 7-26 所示。

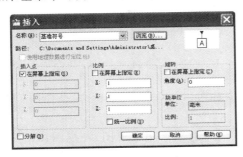

图 7-25 【插入】对话框

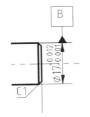

图 7-26 插入基准 B

2）标注几何公差

（1）设置几何公差指引线样式。单击菜单【格式】→【多重引线样式】，弹出【多重引线样式管理器】对话框。单击【新建】按钮，弹出【创建新多重引线样式】对话框，将新样式定义为【几何公差】，单击【确定】按钮后弹出【修改多重引线样式：几何公差】对话框，分别对其中的【引线格式】、【引线结构】、【内容】等选项卡中的参数进行修改，如图 7-27～图 7-29 所示。

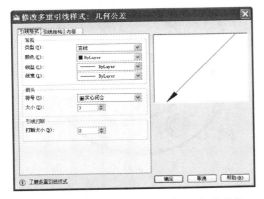

图 7-27 【修改多重引线样式：几何公差】
对话框【引线格式】选项卡

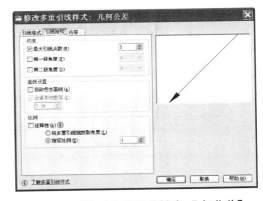

图 7-28 【修改多重引线样式：几何公差】
对话框【引线结构】选项卡

（2）画几何公差指引线，插入几何公差，如图7-30所示。

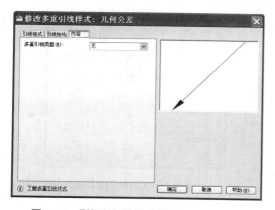

图 7-29 【修改多重引线样式:几何公差】
对话框【内容】选项卡

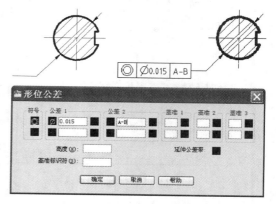

图 7-30 绘制和设置几何公差指引线

◀◀ **7.3 轮盘类零件图的绘制** ▶▶

7.3.1 视图特点

轮盘类零件包括端盖、带轮等，用于传递动力和扭矩，起到轴向支撑、定位作用或者密封作用。

轮盘类零件一般用2～3个视图来表达（见图7-31），常用主视图、左视图、右视图来表达。按照加工位置原则，主视图轴向水平放，且常用全剖视图来表达内部结构，左视图或右视图常用视图来表达外形。

轮盘类零件图
的绘制

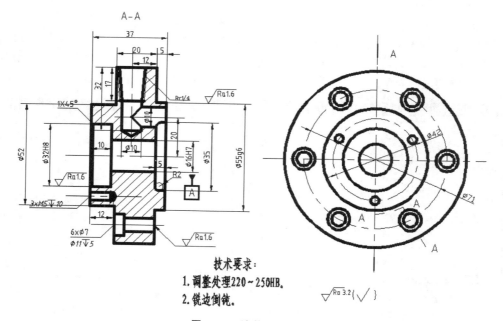

技术要求:
1. 调整处理220～250HB。
2. 锐边倒钝。

图 7-31 端盖零件图

7.3.2 视图绘制

1. 绘制左视图

（1）绘制中心线。将当前图层置于"点画线"图层,绘制中心线,如图 7-32(a)所示。

（2）绘制同心定位圆。将当前图层置于"点画线"图层,绘制 $\phi42$、$\phi71$ 的点画线圆,用于定位,如图 7-32(b)所示。

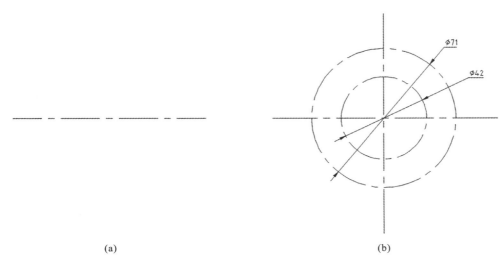

(a)   (b)

图 7-32　绘制中心线和同心定位圆

（3）绘制同心圆。将当前图层置于"粗实线"图层,从内向外分别绘制 $\phi16$、$\phi32$、$\phi52$、$\phi90$ 四个同心圆。

（4）绘制均布沉孔。将当前图层置于"粗实线"图层,画同心圆 $\phi7$、$\phi11$;单击阵列命令 ,环形阵列这两个同心圆,项目数为 6 个,效果如图 7-33 所示。

（5）绘制均布螺纹孔。将当前图层置于"细实线"图层,在图 7-34 所示处画圆 $\phi5$,并用打断或修剪命令,将其中 1/4 圆弧删掉。将当前图层置于"粗实线"图层,画同心圆,螺纹孔直径尺寸 $=5\times0.85=4.25$,画圆 $\phi4.25$。单击阵列命令 ,环形阵列这两个同心圆,项目数为 3 个,效果如图 7-35 所示。

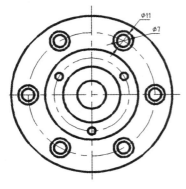

图 7-33　绘制左视图同心圆和均布沉孔

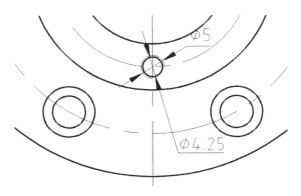

图 7-34　绘制单个螺纹孔

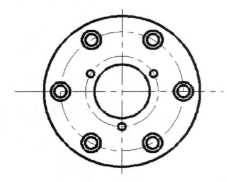

图 7-35　绘制左视图均布螺纹孔

2. 绘制主视图

1）绘制外轮廓线

将当前图层置于"粗实线"图层,并打开状态栏上的极轴、对象捕捉、对象捕捉追踪功能。从轴线左侧开始绘制主视图上半部分的轮廓,可以先不绘制倒角、圆角、槽和各种孔。然后用镜像命令,以中心线为镜像线,将下半部分绘制出来,如图 7-36 所示。

2）绘制倒角、圆角

调用倒角命令,将倒角距离设置为 1,并用直线命令补上倒角处的其他图线。

调用圆角命令,将圆角半径设置为 2,效果如图 7-37 所示。

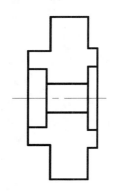

图 7-36　绘制主视图外轮廓线

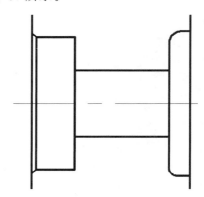

图 7-37　倒角、圆角局部视图

3）绘制螺纹孔、沉孔

用对象捕捉追踪结合尺寸,按照投影关系,画出沉孔等,如图 7-38 所示。

注意:螺纹中止线用粗实线,管螺纹 Rc 1/4 大径与小径尺寸需查表获得,分别为大径13.157,小径 11.445,锥度 1:16。符号 $\dfrac{6 \times \phi 7}{\phi 11 \downarrow 5}$ 代表沉孔有 6 个,大孔直径 11,深度 5,小孔直径 $\phi 7$。

4）图案填充

将图案填充样式置为"ANSI31",用图案填充命令进行填充,效果如图 7-39 所示。

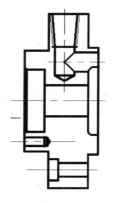

图 7-38　绘制沉孔

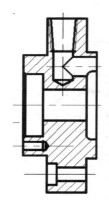

图 7-39　绘制主视图剖面线

3. 视图的标注

主视图为旋转剖视图,需要在视图中间标注剖视图的名称和剖切符号。

(1)绘制剖切符号。将当前图层置于"粗实线"图层,用直线命令在左视图中画出剖切符号,长度约为 5 mm。

(2)标注名称和字母。调用单行文字命令,或单击【绘图】工具栏中的 **A** ,在主视图上方注写字母 A—A,字体样式为"数字和字母",字高为 5。

7.3.3 标注尺寸

1)线性直径

主视图上有 $\phi52$、$\phi32H8$、$\phi16H7$、$\phi35$、$\phi55g6$、$\phi90$ 等线性直径,它们可以分成两种,一种带有公差带代号,一种不带公差带代号。

(1)设置当前标注样式为"非圆直径",线性尺寸前面会自动增加"ϕ",如图 7-40 所示。

(2)用线性标注命令标注线性尺寸。

(3)如带有公差带代号,双击尺寸打开【文字格式】对话框,修改尺寸数字为"$\phi32H8$"即可,如图 7-41 所示。

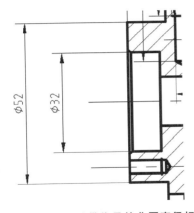

图 7-40 不带公差带代号的非圆直径标注

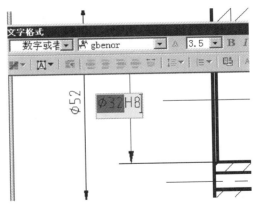

图 7-41 带有公差带代号的非圆直径文字编辑

2)沉孔尺寸

将多重引线格式置为【倒角引线】样式,在尺寸图层中进行绘制。

输入"6x%%c7"后回车换行,输入"%%c11",输入符号时,将字体改为【gdt】格式,输入字母"x",字符就为 x,如图 7-42 所示。同理,"w"为锥形沉孔符号 w,"v"为柱形沉孔和锪平面孔符号 v。

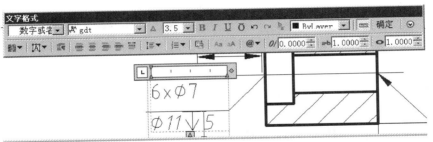

图 7-42 文字格式框孔深符号输入

单击【文字格式】编辑器中的 ⊙，选择【符号】→【其他】，如图 7-43 所示。

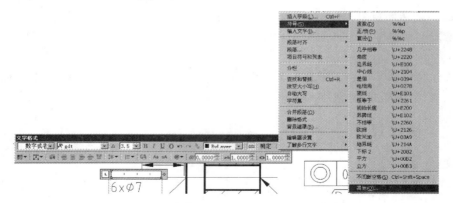

图 7-43 【文字格式】编辑器—【符号】→【其他】

弹出【字符映射表】对话框，在该对话框的【字体】下拉列表中选择【GDT】字体，如图 7-44 所示。

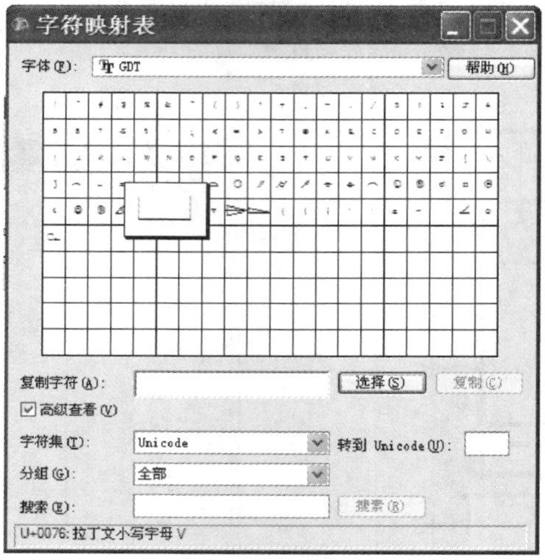

图 7-44 【字符映射表】对话框—【GDT】字体

单击【字符映射表】对话框中的沉孔符号，再单击【选择】按钮，沉孔符号就出现在【复制字符】右边的输入框中。

单击【复制】按钮，将沉孔符号复制到系统剪贴板上。返回文字编辑区，单击鼠标右键，在弹出的快捷菜单中选择【粘贴】命令，即完成沉孔符号的输入。

7.3.4　技术要求

1. 表面粗糙度和几何公差

1）表面粗糙度

表面粗糙度的标注办法参照轴的标注方法。其中要注意的是，表面粗糙度只有两种方向：水平和竖直。

新建【表面粗糙度引线】样式。以【倒角引线】为基准，在【修改多重引线样式：表面粗糙度引线】对话框中，更改【箭头】项，设置符号为【实心闭合】，大小为 3，如图 7-45 所示。

注意标注时箭头始终由外向内指向实体,如图 7-46 所示。

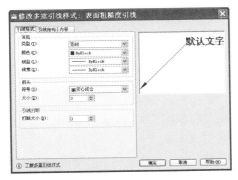

图 7-45　表面粗糙度引线设置

图 7-46　表面粗糙度标注

2）几何公差

参照阶梯轴的标注方法进行标注。

2. 技术要求文字

用【多行文字】命令书写技术要求文字,并将绘制好的零件图存盘,文件名为"端盖"。

◀ 7.4　叉架类零件图的绘制 ▶

7.4.1　视图特点

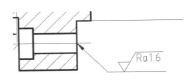

叉架类零件图
的绘制 1

如图 7-47 所示为第六届"高教杯"全国大学生先进图形技能与创新大赛手绘组题目,为叉架类零件。

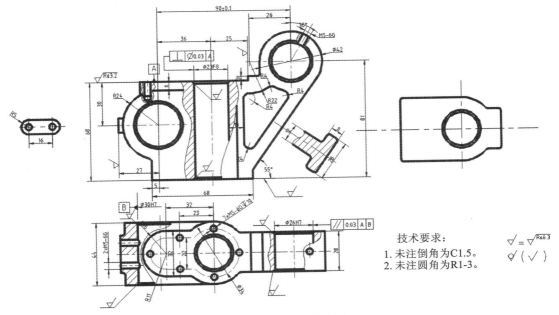

图 7-47　叉架类零件图

该零件从结构上不像轴套类、轮盘类零件具有对称性,故从画图思路来看,可以先将其拆分为小的结构,然后利用三等关系对照画图。

7.4.2 视图绘制

1. 绘制主视图、俯视图

(1) 绘制中心线。

将当前图层置于"点画线"图层,绘制主视图中心线,如图 7-48 所示。

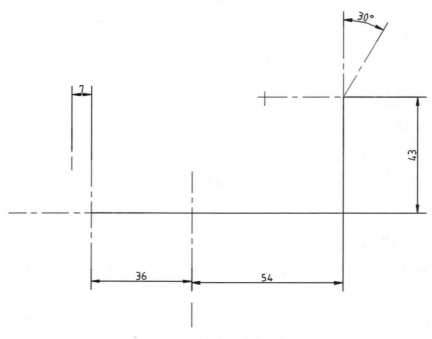

图 7-48 绘制主视图中心线

利用对象捕捉追踪和其他相关尺寸,以及对正关系,绘制俯视图中心线,如图 7-49 所示。

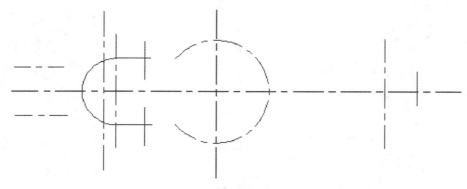

图 7-49 绘制俯视图中心线

(2) 绘制外形轮廓线。

将当前图层置于"粗实线"图层,绘出主视图和俯视图的外形轮廓线,如图 7-50 和图 7-51 所示。

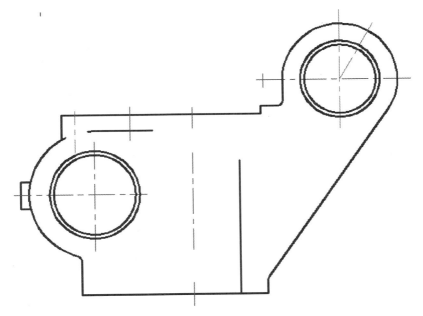

图 7-50　绘制主视图外形轮廓线

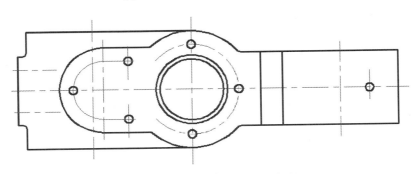

图 7-51　绘制俯视图外形轮廓线

注意:这两个视图绘制时结合题目尺寸和对正关系,作图更简单。

(3) 绘制细部结构。

①绘制肋板结构。绘制肋板定位尺寸 10、28 等尺寸,获得圆心 A;B 点为 φ42 圆心,分别以 A、B 为圆心,以 22、21 为半径画出圆弧;调用圆角命令,对图示多边形进行圆角操作,如图 7-52 所示。

②绘制螺纹孔 7×M5-6G▼10,大径为 5,小径为 4.25,螺纹深度为 10,光孔深度参考螺纹结构的比例画法。

③波浪线及图案填充。

注意:螺纹孔的画法参照前面轮盘类零件图的画法,并且画出中间通孔和倒角。

将"细实线"图层置为当前图层,画出波浪线作为分隔线;然后调用【图案填充】命令,将当前图案置为 ANSI31,进行图案填充,如图 7-53 所示。

同理,对俯视图的螺纹孔和通孔进行绘制,如图 7-54 所示。

2. 绘制其他视图

在图 7-55 所示位置按照尺寸画出三个辅助视图。

注意:断面图配置在肋板的剖切线的延长线上。

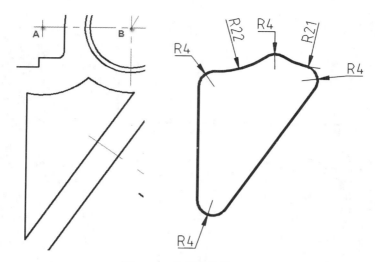

图 7-52　肋板结构的绘制

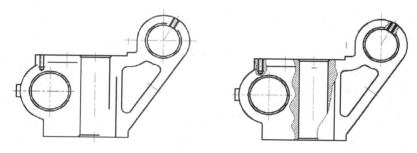

图 7-53　主视图中螺纹孔及局部剖视

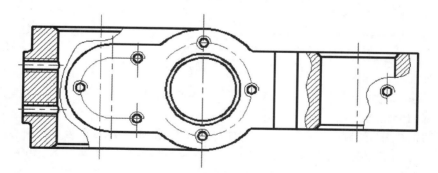

图 7-54　绘制俯视图的螺纹孔和通孔

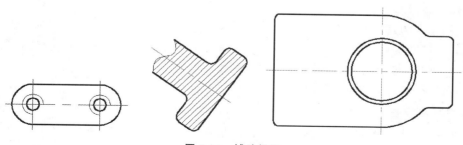

图 7-55　辅助视图

7.4.3 尺寸标注

标注方法与轮盘类零件的标注方法类似,线性直径、公差、表面粗糙度的标注可参考前面的。需要说明的是,在表面粗糙度的表达方法上,如果表面粗糙度中某一种用得最多,可以在图纸标题栏的上方标注:

$$\sqrt{} = \sqrt{Ra6.3}$$

这时在图纸中进行标注时,可以只标注简写符号。例如,如图 7-56 所示的圆圈处所对应的表面粗糙度为 $\sqrt{Ra6.3}$。俯视图标注方法同上。

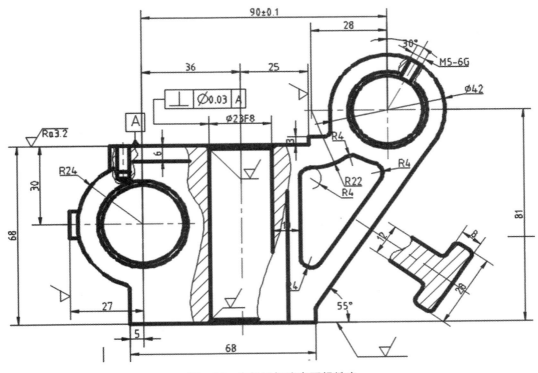

图 7-56　主视图标注表面粗糙度

◀ 7.5　箱体类零件图的绘制 ▶

7.5.1　视图特点

箱体类零件是组成机器及部件的主要零件之一,其主要作用是支撑、容纳和连接等。它多是铸造件,结构复杂。箱体类零件加工位置多变,其视图的绘制主要考虑形状特征或工作位置。

以工作位置或自然安放位置作为主视图的安放位置,投射方向满足形状特征和位置原则。其他视图常需要三个以上的基本视图和足够数量的辅助视图才能满足零件表达需求。

图 7-57 为泵体零件图。

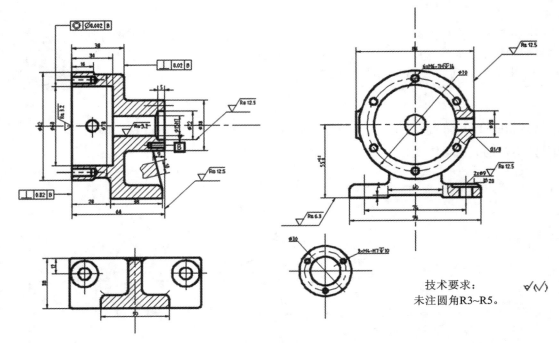

图 7-57 泵体零件图

技术要求:
未注圆角R3~R5。

7.5.2 视图绘制及尺寸标注

1. 画轴线

单击直线命令，将当前图层置为"点画线"图层，先画出主视图和侧视图的轴线。

2. 忽略细节画轮廓

单击直线命令，将当前图层置为"粗实线"图层，忽略壳体零件上的圆角、通孔、螺纹孔和剖面线等细部结构，如图 7-58 所示。

3. 倒圆角

单击圆角命令，将圆角分别设置为 2 和 5，对图 7-58 进行倒圆角，效果如图 7-59 所示。

4. 画螺纹孔

（1）主视图螺纹孔。

单击直线命令，绘制主视图中的螺纹孔。打开状态栏中的"线宽"显示，主视图中有 3 个螺纹孔，其中靠左侧上下对称各有一个，其螺纹代号为 M6-H7×14，代表普通粗牙螺纹，公称直径为 6 mm，孔的公差带代号为 H7，深度为14 mm，如图 7-60 所示。

画出左上角的螺纹孔，单击复制命令，将螺纹孔复制到左下角的对称位置。

主视图靠右侧螺纹孔的代号为 M4-H7×10，代表普通粗牙螺纹，公称直径为 4 mm，孔的公差带代号为 H7，深度为 10 mm，如图 7-61 所示。

图 7-60 上的尺寸 3 和图 7-61 上的尺寸 2 分别表达两螺纹孔上盲孔超过螺纹孔部分的深度，按比例画法，取 50％的公称直径。绘制效果如图 7-62 所示。

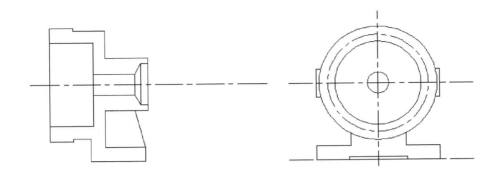

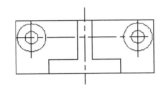

图 7-58 绘制轴线和基本轮廓

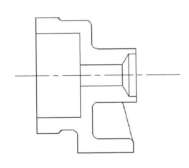

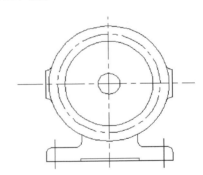

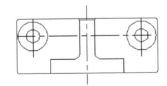

图 7-59 倒圆角

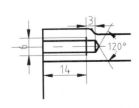

图 7-60 主视图左侧螺纹孔放大图　图 7-61 主视图右侧螺纹孔放大图　图 7-62 主视图三个螺纹孔

（2）侧视图螺纹孔。单击圆命令⊘,将当前图层分别置为"粗实线"图层和"细实线"图层,大圆直径为 6,小圆直径为 5,小圆和大圆直径比值约为 0.83。

单击打断命令□,修剪掉约 1/4 大圆弧,效果如图 7-63 所示。

单击阵列命令▒,对图 7-63 的圆进行阵列,数目为 6 个,角度为 360°,效果如图 7-64 所示。

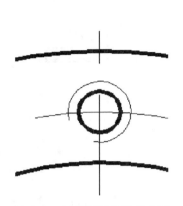

图 7-63 侧视图螺纹孔放大图

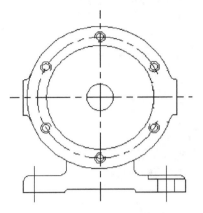

图 7-64 侧视图 6 个螺纹孔

（3）侧视图中管螺纹。管螺纹代号为 G1/8,G 代表非螺纹密封的管螺纹,其大径和小径尺寸并不是 1/8,需要查表,查表获得 G1/8 的管螺纹大径为 9.7,小径为 8.5,如图 7-65 所示。

管螺纹的大径为细实线,小径为粗实线。

（4）侧视图中的锪孔。图 7-66 所对应的结构为锪孔结构,该结构是用锪孔钻头加工得到的,因为加工的深度很浅,故深度一般省略不标注,上面大孔直径为 $\phi20$,下面小孔直径为 $\phi9$,上面大孔的深度为 1～2 mm。

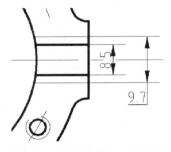

图 7-65 管螺纹的尺寸及绘制

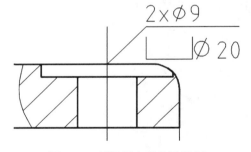

图 7-66 侧视图中的锪孔绘制

5.画剖视图

1）主视图的重合断面图

单击直线命令╱,将当前图层置为"细实线"图层,打开对象捕捉中的垂直捕捉┠,做肋板斜线的垂线,并用偏移命令⊆,将该直线偏移 10 mm。

单击样条曲线命令∿,当前图层为"细实线"图层,做出波浪分界线。主视图和侧视图中的断面和局部剖视图边界线如图 7-67 所示。

2）左视图的局部剖视图

单击样条曲线命令∿,当前图层为"细实线"图层,做出波浪分界线,并用修剪命令进行修剪;单击图案填充命令▒,图案填充样式为"ANSI31",如图 7-68 所示,对剖视图进行填充。

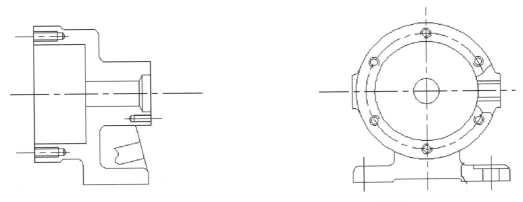

图 7-67 主视图和侧视图中的断面和局部剖视图边界线

3）截面剖视图

单击 □ 命令,绘制长为 96、宽为 40 的矩形。单击直线命令,将当前图层置为"点画线"图层,用定位尺寸 74 和 12 画出轴线。

将当前图层置为"粗实线"图层,画出 T 形肋板轮廓线。

单击图案填充命令 ▨,图案填充样式为"ANSI31",对剖视图进行填充。

单击圆命令 ⊙,画出同心圆,直径分别为 $\phi9$ 和 $\phi20$,如图 7-69 所示。

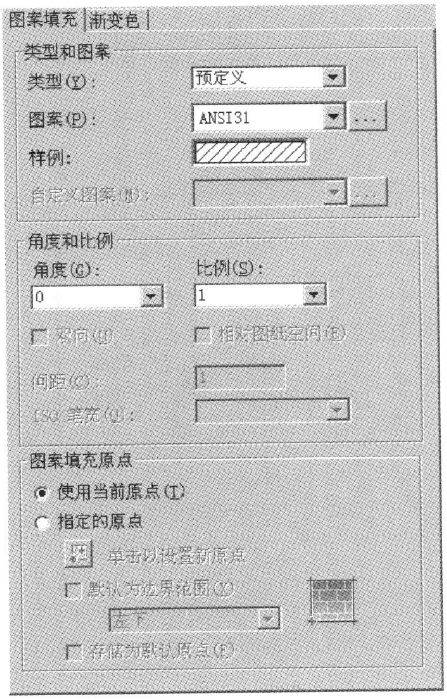

图 7-68 图案填充设置

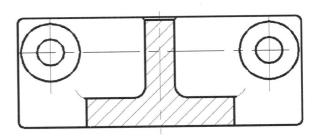

图 7-69 截面剖视图

6. 标注

箱体类图纸中的尺寸标注与轮盘类零件的尺寸标注类似,线性直径、公差、表面粗糙度的标注可参考前文。

习　　题

1. 绘制螺杆零件图,如图 7-70 所示。

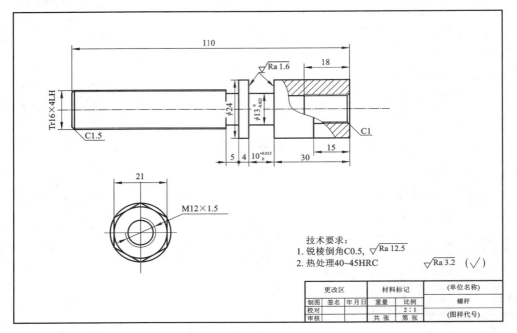

技术要求:
1. 锐棱倒角C0.5, $\sqrt{Ra\,12.5}$
2. 热处理40~45HRC $\quad \sqrt{Ra\,3.2}$ ($\sqrt{}$)

更改区			材料标记		(单位名称)
制图	签名	年月日	重量	比例	螺杆
校对				2:1	
审核			共　张	第　张	(图样代号)

图 7-70　螺杆零件图

2. 绘制底座零件图,如图 7-71 所示。

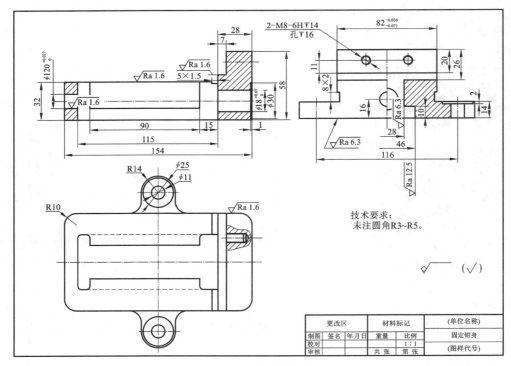

技术要求:
未注圆角R3~R5。

$\sqrt{}$ ($\sqrt{}$)

更改区			材料标记		(单位名称)
制图	签名	年月日	重量	比例	固定钳身
校对				1:1	
审核			共　张	第　张	(图样代号)

图 7-71　底座零件图

3. 绘制如图 7-72 所示的零件图。

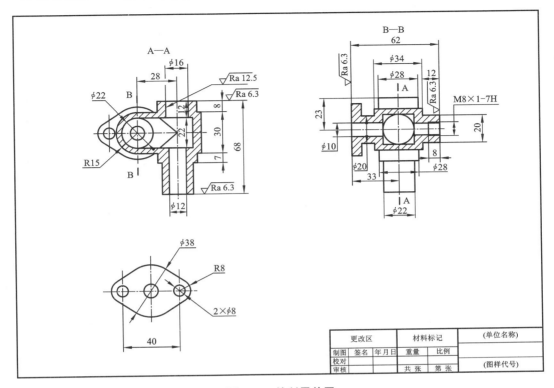

图 7-72 绘制零件图

4. 绘制如图 7-73 所示端盖零件图。

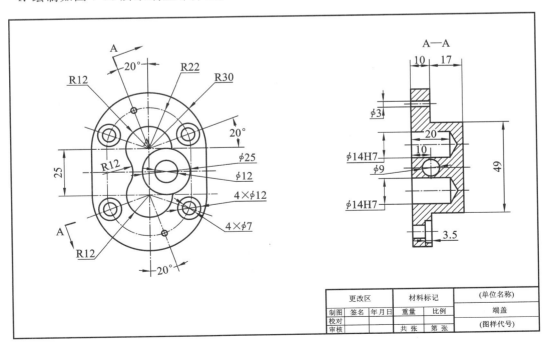

图 7-73 端盖零件图

5. 绘制如图 7-74 所示托架的零件图。

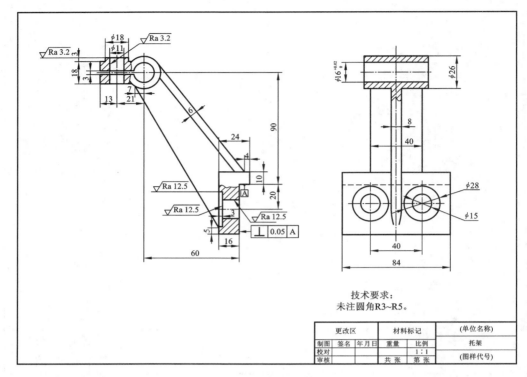

图 7-74　托架的零件图

第8章

装配图的绘制

【章节提要】

本章主要介绍装配图的基本知识、装配图的绘制操作和装配图的尺寸标注及其他。

【学习目标】

（1）掌握装配图的图块法绘制。

（2）掌握装配图的尺寸标注。

◀ **8.1　装配图的基本知识** ▶

装配图是表达机器组成零件之间的相对位置和连接关系，机器的工作原理、传动路线的图纸。装配图包括以下几项内容，如图 8-1 所示。

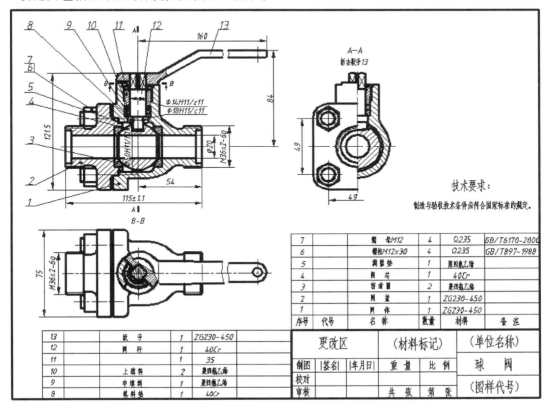

图 8-1　装配图示例

（1）一组图形：用于表达机器或部件的工作原理、零部件之间的相对位置、装配与连接关系和主要零件的重要结构。

（2）必要尺寸：用于表达机器或部件的规格、性能尺寸，装配安装时需要的定位尺寸以及外形总体尺寸。

（3）技术要求：用于表达机器或部件在装配、安装、调试、检验、维护和使用等方面应达到的技术指标。

（4）零件序号、明细表和标题栏：用于说明机器或部件所包含的零件名称、代号、材料、数量及图样采用的比例等信息。

8.1.1 装配图的画法

1. 规定画法

（1）相邻零件接触面或配合面，只画一条线；非接触和配合面，画两条线。

（2）相邻零件的剖面线应该相反；当三个零件相邻时，其中两个零件的剖面线倾斜方向相同，但要错开或间隔不等，另一个零件的剖面线方向相反。

（3）为了简化作图，剖视图中，对于实心杆件（如轴、连杆）和一些标准件（如螺栓、螺母、螺柱等），只画外形轮廓，不画剖面线。

2. 特殊画法

（1）拆卸画法。当某些零件遮住了需要表达的结构或者装配关系时，可以假想沿着某些零件的结合面剖切或假想将某些零件拆卸后绘制，在沿着零件结合面剖切时，结合面的区域内不画剖面线，但在被切断的零件断面上应画上剖面线。拆卸画法需要在图形上方加注"拆去××零件"。

（2）夸大画法。在画装配图时，薄片零件、细丝弹簧、微小间隙，如无法按全图绘图比例表达清楚，可采用夸大画法，将其涂黑。

3. 简化画法

（1）省略工艺结构的画法。装配图中的工艺结构，倒角、圆角、退刀槽等都可以省略不画，采用拼装法绘制装配图时可以忽略零件图中的细节结构。

（2）省略相同零件组的画法。对于装配图中若干相同的零件组，如螺纹连接件等，可以仅仅详细画出一组，其余的只需画出表面装配位置。

8.1.2 装配图尺寸标注和技术要求

1. 尺寸标注

由于装配图主要用于表达机器或部件的工作原理和装配关系，所以装配图中只需标注能够表达其性能、规格和装配关系等的一些必要尺寸。

（1）性能尺寸（规格尺寸）：用于表示机器或部件的规格、性能尺寸，是设计和使用机器部件的依据。

（2）装配尺寸：用于表示机器或部件的工作精度和性能要求的尺寸，包括零件间配合性质的配合尺寸。

（3）安装尺寸：用于表示机器安装到基础上或部件安装到机器上所需的尺寸。

（4）外形尺寸：用于表示机器或部件的总体尺寸，如宽度、高度等。

2. 技术要求

在装配图中，对机器或部件的性能、装配、检验、测试、使用及维护等方面的技术要求，通常以文字和数字符号的形式加以说明，并注写在明细栏的上方或图纸的适当位置。

8.1.3　装配图中的零件序号和明细栏

1. 零件序号

为了便于读图，便于组织生产管理，需要对装配图中所有零件进行编号。国标中关于零件编号的规定如下。

（1）同一图样中，编号形式应一致。

（2）指引线应尽量均匀布置，各指引线不可以相交，应避免与图样中的轮廓线或剖面线重合或者平行。

（3）指引线可以画成折线，但只可曲折一次。

（4）对一组紧固件或装配关系清楚的零件组可以采用公共指引线。

（5）相同的零件只编写一个序号，且只标注一次，其数量在明细栏中注明。

（6）图样中的零件序号必须和明细栏中的序号一一对应。

（7）编写序号时要按照水平或垂直方向整齐排列，并按照顺时针或逆时针方向沿着图样的外侧排号。

（8）零件序号标注由指引线、水平线或圆及数字组成，如图 8-2 所示。

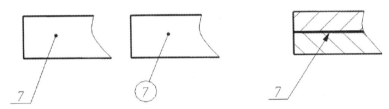

图 8-2　零件序号标注

（9）指引线、水平线或圆用细实线绘制。

（10）指引线应自所指零件的可见轮廓内引出，并在其末端画一圆点；当所指部分不宜画原点时，在指引线的末端用箭头代替。

（11）表示序号的数字写在水平线的上方或圆内，字高比尺寸数字大一号。

2. 明细栏

明细栏是机器或部件中全部零件的详细目录，应配置在标题栏的上方，并与标题栏对齐，自下而上排列。如果位置不够，可以紧靠标题栏左方继续自下而上列表，并要配置表头；如果图样零件过多，在图中列不下，可另外用纸单独填写。

明细栏中的内容一般有序号、代号、名称、数量、材料及备注等项目，在备注项中，可填写有关的工艺说明，也可以注明该零件的来源或一些必要参数等。

8.1.4　常见装配结构的合理性

为了保证机器或部件的装配质量，满足性能要求，并给加工和装拆带来方便，在设计过程中必须考虑装配结构的合理性。下面讨论几种常见装配结构的合理性。

1.接触面的合理结构

（1）为了保证零件之间接触良好，又便于加工和装配，两个零件在同一方向上，只宜有一对接触面，如图 8-3(a)、(b)所示。

（2）当孔与轴配合时，若轴肩与孔端面需接触，则孔加工成倒角或在轴肩处切槽，如图 8-3(c)、(d)、(e)所示，以保证两零件端面接触良好。

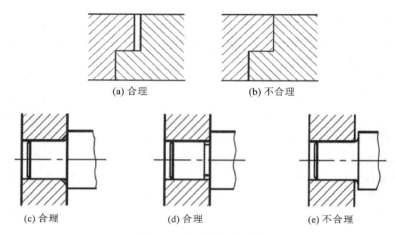

(a) 合理   (b) 不合理

(c) 合理   (d) 合理   (e) 不合理

图 8-3　接触面的合理性

2.有利于装拆的合理结构

（1）用轴肩或孔肩定位滚动轴承时，应考虑拆卸的方便，如图 8-4 所示。

图 8-4　轴承的定位

（2）用螺栓连接的地方要留足装拆的活动空间，如图 8-5 所示。

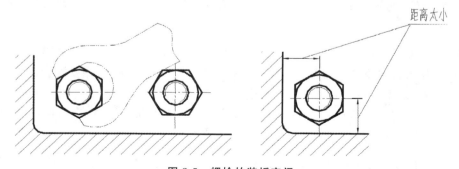

距离太小

图 8-5　螺栓的装拆空间

3. 密封装置的合理性

如图 8-6 所示,装置采用填料密封,依靠压盖将填料压紧,从而起到防漏密封作用。压盖要画在开始压紧填料的位置,以表示当填料磨耗后,尚可左移压盖压紧填料(有间隙),使之仍能密封防漏。

如图 8-7 所示,装置采用垫片和毡圈密封,毡圈放入端盖里,从而起到防漏密封作用。

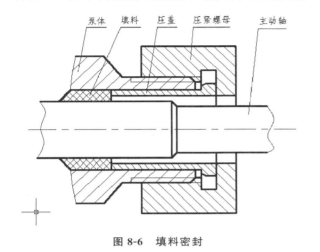

图 8-6　填料密封

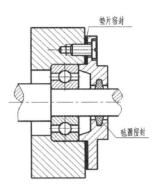

图 8-7　垫片和毡圈密封

◀ 8.2　装配图的绘制操作 ▶

8.2.1　装配图的画法分类

1. 直接法画装配图

直接法画装配图就是按手工画装配图的作图顺序,依次绘制各组成零件在装配图中的投影。为作图方便,画图时可以将不同的零件图画在不同的图层上以便简化图面,但在进行编辑操作时,要先对相应图层进行解锁、打开或者解冻。

装配图的
绘制操作

2. 拼装法画装配图

拼装法画装配图的方法:先画出零件图,再将零件图定义为块文件,用插入块的方法拼装装配图。拼装装配图时,要选择合适的定位基准,修剪或者删除被挡住的图线。

3. 图块法画装配图

画装配图前,先画出各组成部分的零件图,将零件图定义为不同块文件,用插入块的方法拼装装配图。拼装时要选择合适的插入点,并对块进行分解、修改,以绘出正确图线。

8.2.2　图块法画装配图应用举例

装配图零件列表如表 8-1 所示。

表 8-1　装配图零件列表

序　号	名　　称	数　量	材　料
1	芯轴	1	45
2	滑轮	1	LY13
3	衬套	1	ZCuSn5Pb5Zn5
4	支架	1	HT200
5	垫圈	1	
6	螺母	1	

如图 8-8～图 8-11 所示分别为芯轴、滑轮、衬套、支架的零件图。

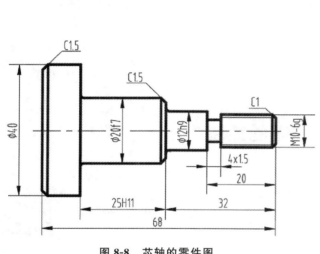

图 8-8　芯轴的零件图

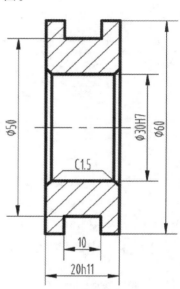

图 8-9　滑轮的零件图

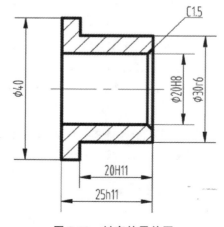

图 8-10　衬套的零件图

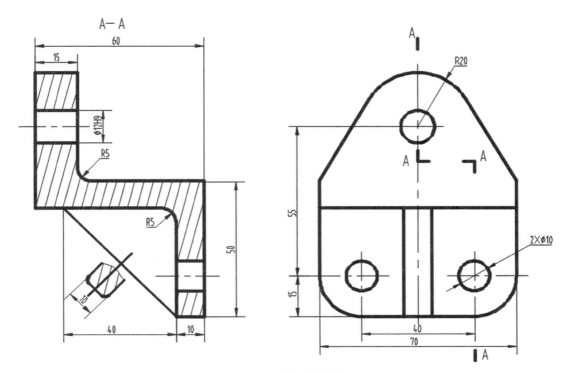

图 8-11 支架的零件图

分别定义如图 8-8～图 8-11 所示零件为图块文件,然后将定义的图块插到文件图形中,进行装配图绘制。

操作步骤如下。

(1)设置图层、文字样式和尺寸标注样式。

(2)分别画出图示各个零件图的主视图,冻结尺寸图层,并做成块。

(3)画出装配图图框及标题栏和明细栏。

(4)插入图块。

(5)分解、修改。

图 8-12 是滑轮架的装配图。该低速滑轮架的工作原理是当传动带成角度传动时起引导传动带的作用,它由装有衬套的滑轮、芯轴、支架等零件组成,滑轮、衬套空套在芯轴上,芯轴用螺母、垫圈与支架连接。整个装置通过支架上的两个安装孔用螺栓与机座连接。

1. 创建滑轮的图形文件

(1)打开滑轮的图形文件,关闭"尺寸"图层,只显示图形,如图 8-13 所示。

(2)单击【写块】命令,弹出【写块】对话框,如图 8-14 所示,单击拾取点按钮🖳,返回绘图区域,命令行中的提示信息为"指定插入点",鼠标单击图 8-13 中的 A 点,选择其为插入点后返回【写块】对话框。

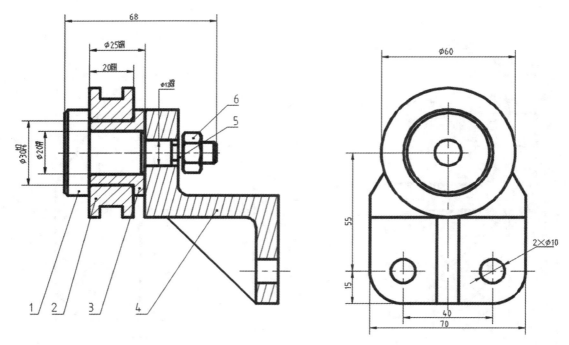

图 8-12　滑轮架的装配图

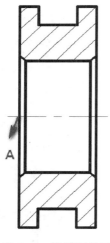

图 8-13　滑轮零件图

图 8-14　【写块】对话框

（3）单击选择对象按钮，返回绘图区域，在命令行提示下框选所有图线（见图 8-15），单击鼠标左键，选中图线变为虚线；按回车键后，返回【写块】对话框。

设置文件名和路径后，单击【确定】按钮，完成写块操作。

2. 将其他零件图定义为图块文件

（1）打开衬套零件图，关闭【尺寸】图层，以图 8-16 中的 A 点为插入点，建立块文件【衬套】。

（2）打开支架零件图，关闭【尺寸】图层，以图 8-17 中的 A 点为插入点，建立块文件【支架】。

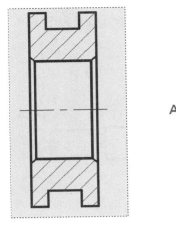

图 8-15　选择对象

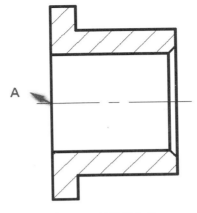

图 8-16　衬套插入点

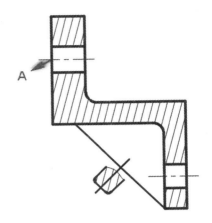

图 8-17　支架插入点

（3）打开垫圈和螺母零件图，分别定义图 8-18 上的 A 点和 B 点为插入点，建立块文件【垫圈】和【螺母】。

3.拼装装配图

1）插入图块文件【滑轮】

（1）打开【芯轴】文件。

（2）单击【插入】→【块】命令，弹出【插入】对话框，如图 8-19 所示。在该对话框中的【名称】后选择【块-滑轮】，单击【确定】按钮，插入滑轮，如图 8-20 所示。

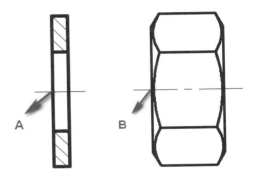

图 8-18　垫圈和螺母插入点

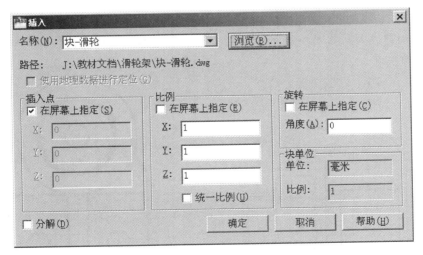

图 8-19　【插入】对话框

单击菜单【修改】→【分解】，单击【块-滑轮】，分解块，然后修剪并删除多余图线。

2）插入其他零件

（1）以图 8-21 所示圆圈位置为插入点，插入【块-衬套】，插入时旋转 180°，结果如图 8-21 所示，再依次插入支架、垫圈、螺母，如图 8-22 所示。

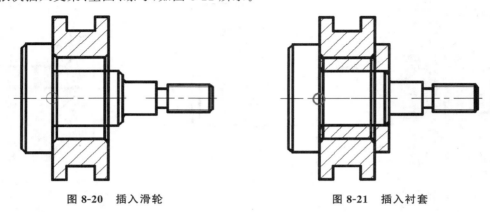

图 8-20　插入滑轮　　　　　　　　　图 8-21　插入衬套

（2）删除被芯轴挡住的图线，应用修剪和删除命令，效果如图 8-23 所示。

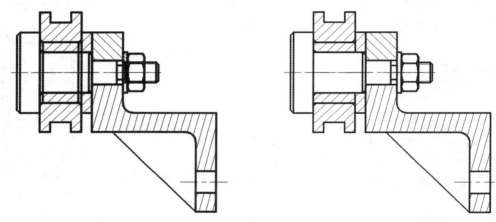

图 8-22　插入支架、垫圈和螺母　　　　　图 8-23　删除多余图线

螺栓连接局部放大图如图 8-24 所示。在支架左视图基础上进行修改，得到装配图的左视图，如图 8-25 所示。

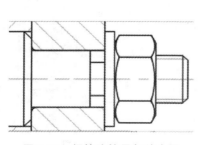

图 8-24　螺栓连接局部放大图

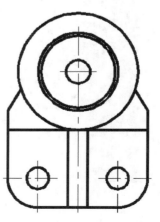

图 8-25　支架左视图修改图

4. 检查错误

检查错误主要包括以下几个方面的内容。

（1）局部放大显示各个零件的连接部分，看定位是否正确。

（2）查看修剪的最后图形是否正确，检查时要耐心细致。

（3）修改螺纹连接部分的图线，内外螺纹旋合部分按外螺纹画，未旋合部分各自按各自的画法，剖面线要一直画到粗实线。

（4）调整剖面线的间隔和倾斜方向，在装配图中相邻的零件剖面线要相反，当三个零件都相邻时，其中两个零件的剖面线倾斜方向一致，但间隔可以不同。

零件图中的表达注重零件的结构细节，装配图中却可以忽略细节，在转换为块文件之后，有些不需要的结构可以适当删减。

◀ 8.3　装配图的尺寸标注及其他 ▶

8.3.1　零件序号引线

装配图的尺寸
标注及其他

（1）单击菜单【格式】→【多重引线样式】，弹出【多重引线样式管理器】对话框。

（2）单击【新建】按钮，弹出【创建新多重引线样式】对话框，输入新样式名【零件序号引线】。

（3）单击【继续】按钮，弹出【修改多重引线样式：零件序号引线】对话框，按图 8-26～图 8-28 设置参数，预览效果如图 8-29 所示。

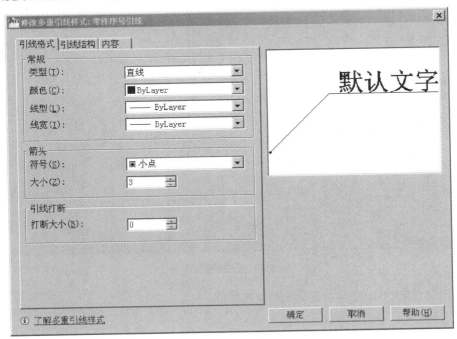

图 8-26　【引线格式】选项卡

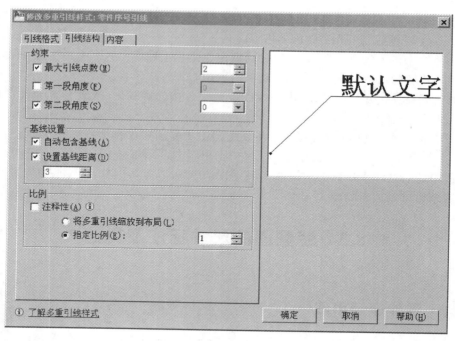

图 8-27 【引线结构】选项卡

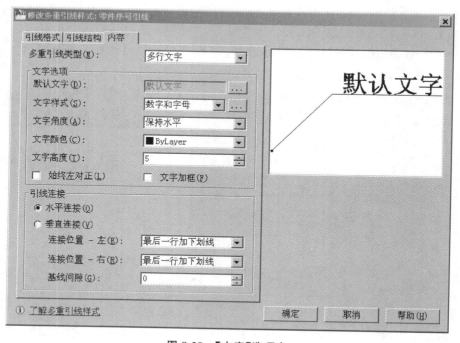

图 8-28 【内容】选项卡

（4）用多重引线引出序号标注，注意如下内容。

- 零件排列上要求水平和垂直方向对齐；
- 序号编写绕视图需要呈顺时针或逆时针排列；
- 引线之间不能交叉。

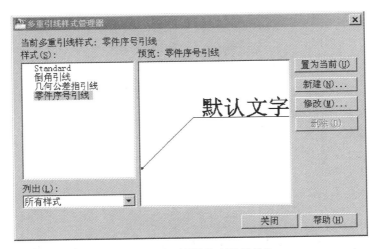

图 8-29 新建【零件序号引线】

（5）单击【标注】→【多重引线】，命令行中的提示如下：

　　　　指定引线箭头的位置或［引线基线优先（L）/内容优先（C）/选项（O）]＜选项＞：
　　　　　　　　　　　　　　　//在被标注零件上选择一个指定引线基线的位置，向左上拖动光标后单击

弹出文字编辑器，输入 2，关闭编辑器，完成标注。

在主视图中用【零件序号引线】样式标注序号 1～6，注意标注时，可以在水平和竖直方向画两条辅助线，便于确定位置，如图 8-30 所示，也可以有效利用对象捕捉追踪功能来定位。

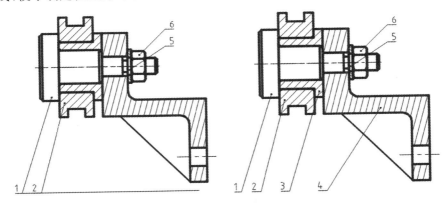

图 8-30 标注引线和序号

8.3.2 装配图中的尺寸

1. 装配尺寸标注

由于装配图主要用于表达机器或部件的工作原理和装配关系，所以装配图中只需标注能够表达其性能、规格和装配关系等的一些必要尺寸即可。

装配图中的配合尺寸，如 $20\dfrac{H11}{h11}$ 等配合尺寸的标注方法与零件图中标注公差的方法相同，具体如下。

（1）选择【线性标注】样式，单击【线性标注】命令，按照提示单击尺寸界线对应两点，如图 8-31所示。

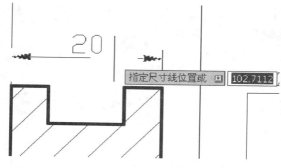

图 8-31　线性标注窗口

（2）输入字母 m，弹出如图 8-32 所示的编辑器，在文字窗口输入"20H11/h11"。

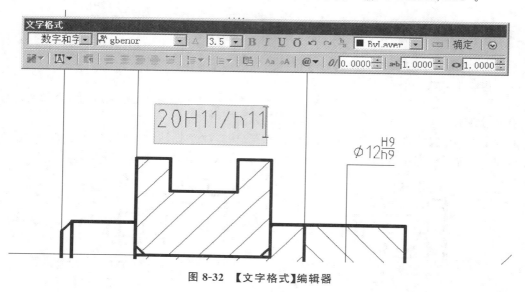

图 8-32　【文字格式】编辑器

（3）在文本框中按住鼠标左键，选择"H11/h11"，如图 8-33 所示，被选中对象底色为黑色。

图 8-33　选中标注对象

（4）单击堆叠按钮，效果如图 8-34 所示。

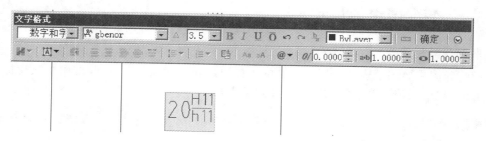

图 8-34　堆叠完成标注

（5）单击【确定】按钮。

2. 其他尺寸

如 68、$\phi60$、55、$2\times\phi10$、15、40、70 等，此类尺寸用线性标注直接完成，参照图 8-35 的标注样式进行。

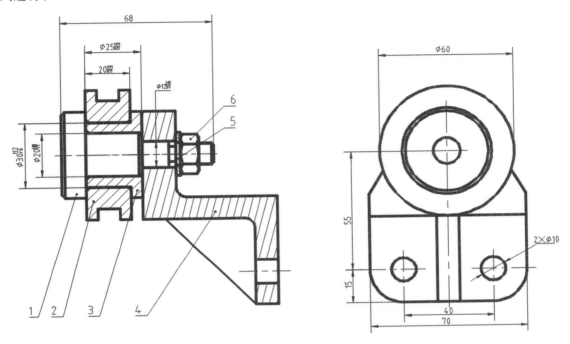

图 8-35　标注其他尺寸

8.3.3　标题栏和明细栏的填写

（1）创建明细栏样式。

（2）按照视图当中的序号，依次写出序号、名称、数量和材料。

（3）如果该零件是标准件，在备注栏中写出国标编号，如图 8-36 所示。

6	螺母	1		GB/T6170
5	垫圈	1		GB/T97.1
4	支架	1	HT200	
3	衬套	1	ZCuSn5Pb5Zn5	
2	滑轮	1	LY13	
1	芯轴	1	45	
序号	名称	数量	材料	备注
滑轮架				

图 8-36　明细栏的填写

习　　题

绘制如图 8-37～图 8-39 所示装配图。

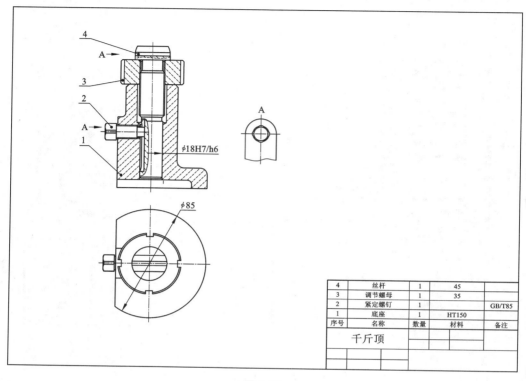

4	丝杆	1	45	
3	调节螺母	1	35	
2	紧定螺钉	1		GB/T85
1	底座	1	HT150	
序号	名称	数量	材料	备注

千斤顶

图 8-37

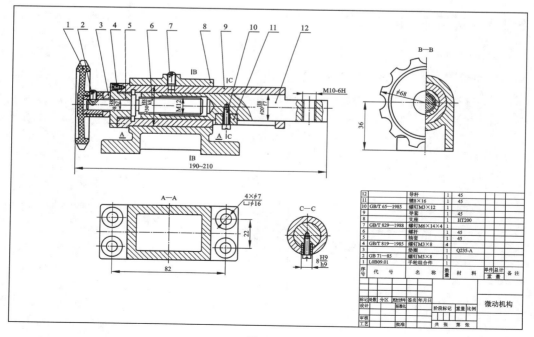

12		导杆	1	45	
11		键8×16	1		
10	GB/T 65—1985	螺钉JM3×12	1		
9		导套	1	45	
8		支座	1	HT200	
7	GB/T 829—1988	螺钉JM6×14×4	1		
6		螺杆	1	45	
5		轴套	1	45	
4	GB/T 819—1985	螺钉JM3×8	1		
3		垫圈	1	Q235-A	
2	GB 71—85	螺钉JM5×8	1		
1	L0B09.01	手轮组合件	1		
序号	代 号	名 称	数量	材料	单件总计 重量

微动机构

标记	处数	分区	更改文件号	签名	年月日				
设计			标准化			阶段标记	重量	比例	
审核									
工艺			批准			共 张 第 张			

图 8-38

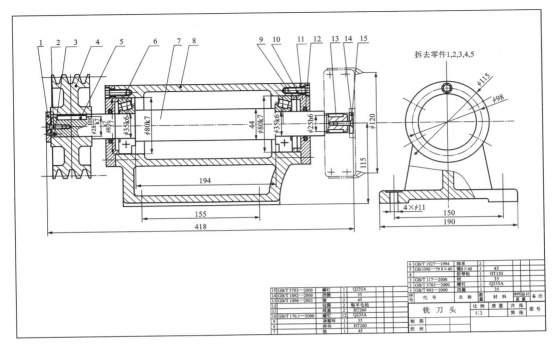

拆去零件1,2,3,4,5

6	GB/T 1927—1994	轴承	2		
5	GB1096—79 8×40	键8×40	1	45	
4		胶带轮	1	HT150	
3	GB/T 117—2000	销	1	35	
2	GB/T 5783—2000	螺钉	1	Q235A	
1	GB/T 892—2000	挡圈	1	35	

15	GB/T 5783—2000	螺钉		Q235A
14	GB/T 1892—2000	端圈	1	35
13	GB/T 1096—2003	键	2	45
12		毡圈	2	粗羊毛毡
11		端盖	2	HT200
10	GB/T 170.1—2000	螺钉	12	Q235A
9		调整环	1	35
8		座体	1	HT200
7		轴	1	45

序号	代　号	名　称	数量	材　料	单件 总计	备注
					质量	

铣 刀 头

比例	质量	共　张	
1:2		第　张	图号

制　图		
校　核		

图 8-39

第 9 章

电气常用部件的画法

【本章提要】

本章介绍电气常用部件图和接线图的画法,包括概略图、功能图、电路图、导线、连续线、中断线、互连接线、电缆配置图等。

【学习目标】

(1)掌握概略图的画法。

(2)掌握功能图的画法。

(3)掌握电路图的画法。

(4)掌握接线图的画法。

◀ 9.1 电气部件图的画法 ▶

9.1.1 概略图的画法

概略图的画法

1. 概略图的特点

概略图所描述的内容是系统的基本组成和主要特征,而不是全部组成和全部特征。概略图对内容的描述是概略的,但其概略程度则依描述对象不同而不同。

2. 概略图绘制应遵循的基本原则

(1)概略图可在不同层次上绘制,较高的层次描述总系统,而较低的层次描述分系统。

(2)概略图中的图形符号应按所有回路均不带电,设备在断开状态下绘制。

(3)概略图应采用图形符号或者带注释的框绘制。框内的注释可以采用符号、文字或同时采用符号与文字。

(4)概略图中的连线或导线的连接点可用小圆点表示,也可不用小圆点表示。但同一工程图中宜采用其中一种表示形式。

(5)图形符号的比例应按模数 M 确定。符号的基本形状以及应用时相关的比例应保持一致。

(6)概略图中表示总系统或分系统基本组成的符号和带注释的框均应标注项目代号。项目代号应标注在符号附近:当电路水平布置时,项目代号宜标注在符号的上方;当电路垂直布置时,项目代号宜标注在符号的左方。在任何情况下,项目代号都应水平排列。

(7)概略图上可根据需要加注各种形式的注释和说明。如在连线上可标注信号名称、电平、频率、波形、去向等,也允许将上述内容集中表示在图的其他空白处。概略图中设备的技术数据宜标注在图形符号的项目代号下方。

(8) 概略图宜采用功能布局法布图,必要时也可按位置布局法布图。布局应清晰,并利于识别过程和信息的流向。

(9) 概略图中的连线的线型,可采用不同粗细的线型分别表示。

(10) 概略图中的原有部分宜用虚线表示,对原有部分与本期工程部分应有明显的区分。

【例 9-1】 绘制如图 9-1 所示图形。

【画法步骤】

(1) 创建新的图形文件。选择【开始】→【程序】→【Autodesk】→【AutoCAD 2016 中文版】→【AutoCAD 2016】,进入 AutoCAD 2016 中文版绘图主界面。

(2) 选择矩形命令 ▭,在屏幕适当位置绘制矩形,选择直线命令,运用中点对象追踪绘制直线,在下端绘制圆并进行修剪,步骤如图 9-2 所示。

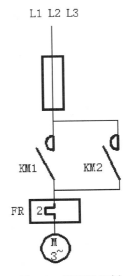

图 9-1 概略图示例

```
命令:_rectang                                              //启用矩形命令 ▭
指定第一个角点或 [倒角(C)/标高(E)/圆角(F)/厚度(T)/宽度(W)]:        //单击一点
指定另一个角点或 [面积(A)/尺寸(D)/旋转(R)]:                       //单击另一角点
命令:_line 指定第一点:                                //启用 ✎ 命令,单击上方一点
指定下一点或 [放弃(U)]:                                       //单击下方一点
命令:_circle 指定圆的圆心或 [三点(3P)/两点(2P)/切点、切点、半径(T)]:
                                                        //启用圆命令 ⊘
                                              //在下方适当位置选择一点为圆心
指定圆的半径或 [直径(D)]:                             //大小根据图形比例指定
命令:_trim                                          //启用修剪 ✂ 命令
当前设置:投影=UCS,边=无
选择剪切边 …
选择对象或<全部选择>:找到 1 个                              // 选择直线
选择要修剪的对象,或按住 Shift 键选择要延伸的对象,或
[栏选(F)/窗交(C)/投影(P)/边(E)/删除(R)/放弃(U)]:                //单击圆的右边
```

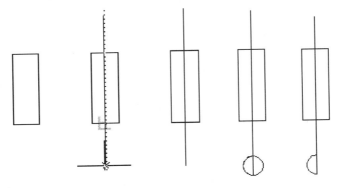

图 9-2 画法步骤 1

（3）选择复制 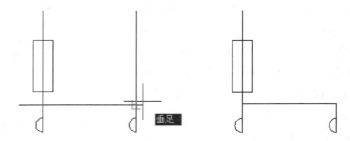命令，复制熔断器触点，绘制直线并进行修剪，如图 9-3 所示。

图 9-3　画法步骤 2

（4）选择矩形、圆、直线命令绘制下半部分，如图 9-4 所示。

命令:_rectang　　　　　　　　　　　　　　　　　　　　　　　　//启用矩形命令

指定第一个角点或 [倒角(C)/标高(E)/圆角(F)/厚度(T)/宽度(W)]:　　　　//单击一点

指定另一个角点或 [面积(A)/尺寸(D)/旋转(R)]:　　　　　　　　　　//单击另一角点

命令:_line 指定第一点:　　　　　　　　　//启用直线 命令,单击长方形上边中点

指定下一点或 [放弃(U)]:　　　　　　　　　　　　　　　　//正交往上单击一点

指定下一点或 [放弃(U)]:　　　　　　　　　　　//取消正交命令,在左上方画斜线

命令:_line 指定第一点:　　　　　　　　　　//启用直线 命令,绘制长方形内直线

指定下一点或 [放弃(U)]:　　　　　　　　　　　//正交打开,对象追踪,依次绘制

命令:_line 指定第一点:　　　　　　　　　//启用直线 命令,单击长方形下边中点

指定下一点或 [放弃(U)]:　　　　　　　　　　　　　　　　//正交往下单击一点

命令:_circle 指定圆的圆心或 [三点(3P)/两点(2P)/切点、切点、半径(T)]:

　　　　　　　　　　　　　　　　　　　　　　　　　　　　//启用圆命令

　　　　　　　　　　　　　　　　　　　　//在下方适当位置选择一点为圆心

指定圆的半径或 [直径(D)]:　　　　　　　　　　　　　//大小根据图形比例指定

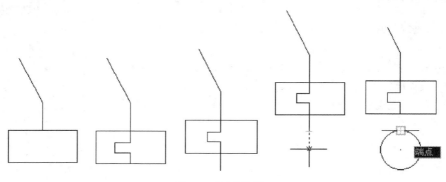

图 9-4　画法步骤 3

（5）将上、下两部分利用移动、对象追踪在适当位置对正，绘制另一个开关。

命令:_move　　　　　　　　　　　　　　　　　　　　　　//启用移动 命令

选择对象:指定对角点:找到 10 个　　　　　　　　　　　　　//选择下方对象

选择对象:

指定基点或 [位移(D)] <位移>:　　指定第二个点或 <使用第一个点作为位移>:

　　　　　　　　　　　　　　　　　　　　　　　　　　　//在适当位置单击

命令:_copy　　　　　　　　　　　　　　　　　　//启用复制 命令

选择对象:指定对角点:找到 2 个　　　　　　　　　　//选择开关

当前设置:　复制模式=多个

指定基点或 [位移(D)/模式(O)] <位移>:　　　　　//选择下端点

指定第二个点或 <使用第一个点作为位移>:　　　　//正交打开,对象追踪,确定垂足

命令:_line 指定第一点:　　　　　　　　　　　　//启用直线 命令,单击左边一点

指定下一点或 [放弃(U)]:　　　　　　　　　　　//正交往右,捕捉垂足点

命令:_trim　　　　　　　　　　　　　　　　　　//启用修剪 命令

当前设置:投影=UCS,边=无

选择剪切边…

选择对象或 <全部选择>:　找到 2 个　　　　　　　// 选择直线

选择要修剪的对象,或按住 Shift 键选择要延伸的对象,或

[栏选(F)/窗交(C)/投影(P)/边(E)/删除(R)/放弃(U)]:　　//结果如图 9-5 所示

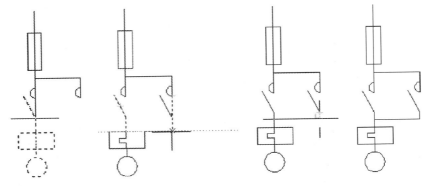

图 9-5　画法步骤 4

（6）选择图中需要加粗的图线,图线宽度确定为 0.30 毫米,如图 9-6 所示。

（7）选用多行文字进行文字注写,字体为宋体,文字高度为 5,最后图形如图 9-1 所示。

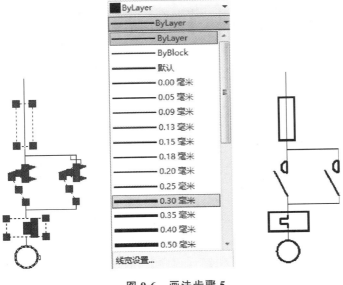

图 9-6　画法步骤 5

9.1.2 功能图的画法

1. 功能图的基本特点

用理论的或理想的电路而不涉及实现方法来详细表示总系统、分系统、成套装置、部件、设备、软件等功能的简图，称为功能图。功能图的内容至少应包括必要的功能图形符号及其信号和主要控制通路连接线，还可以包括其他信息，如波形、公式和算法，但一般不包括实体信息（如位置、实体项目和端子代号）和组装信息。

主要使用二进制逻辑元件符号的功能图，称为逻辑功能图。用于分析和计算电路特性或状态表示等效电路的功能图，可称为等效电路图。等效电路图是为描述和分析系统详细的物理特性而专门绘制的一种特殊的功能图。

2. 逻辑功能图绘制的基本原则

按照规定，对实现一定目的的每种组件，或几个组件组成的组合件可绘制一份逻辑功能图（可以包括几张）。因此，每份逻辑功能图表示每种组件或几个组件组成的组合件所形成的功能件的逻辑功能，而不涉及实现方法。图的布局应有助于对逻辑功能图的理解，应使信息的基本流向为从左到右或从上到下。在信息流向不明显的地方，可在载有信息的线上加一箭头（开口箭头）标记。

功能上相关的图形符号应组合在一起，并应尽量靠近。当一个信号输出给多个单元时，可绘成单根直线，通过适当标记以 T 形连接到各个单元。每个逻辑单元一般以最能描述该单元在系统中实际执行的逻辑功能的符号来表示。在逻辑图上，各单元之间的连线以及单元的输入线、输出线，通常应标出信号名，方便对图的理解和供逻辑系统维护时使用。

【例 9-2】 绘制如图 9-7 所示的图形。

功能图的画法

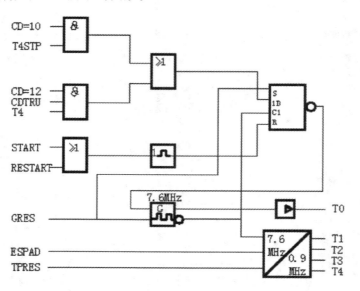

图 9-7　定时脉冲发生的逻辑功能图例

【画法步骤】

（1）创建新的图形文件。选择【开始】→【程序】→【Autodesk】→【AutoCAD 2016 中文版】→【AutoCAD 2016】，进入 AutoCAD 2016 中文版绘图主界面。

（2）首先绘制图的整体框架，选择矩形命令 |□，在屏幕适当位置绘制长方形。
选择线的宽度为 0.3，即 ▬▬▬▬▬ 0.30 毫米 。

```
命令：_rectang                                              //启用矩形命令|□
指定第一个角点或 [倒角(C)/标高(E)/圆角(F)/厚度(T)/宽度(W)]：        //在绘图区域单击一点
指定另一个角点或 [面积(A)/尺寸(D)/旋转(R)]：                      //@20,30 按 Enter 键
```

结果如图 9-8 所示。

图 9-8 绘制长方形

（3）复制相同大小的长方形。

```
命令：_copy                                                //启用复制命令
选择对象：指定对角点：找到 1 个                                //选择开关
当前设置：  复制模式=多个
指定基点或 [位移(D)/模式(O)] <位移>：                         //选择右下端点
指定第二个点或 <使用第一个点作为位移>：                        //正交打开,对象追踪,确定位置
```

结果如图 9-9 所示。

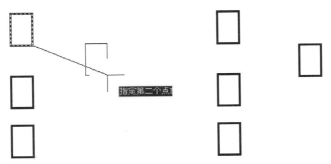

图 9-9 复制长方形

（4）绘制其他不同尺寸的长方形，长方形的尺寸分别确定为长 30、宽 40 一个，长 20、宽 20 两个，长 15、宽 15 一个，长 40、宽 40 一个，并调整到合适位置。

```
命令：_rectang                                              //启用矩形命令|□
指定第一个角点或 [倒角(C)/标高(E)/圆角(F)/厚度(T)/宽度(W)]：        //在绘图区域单击一点
指定另一个角点或 [面积(A)/尺寸(D)/旋转(R)]：                      //@30,40 按回车键
命令：_move                                                //启用移动✛命令
选择对象：指定对角点：找到 1 个                                //选择长方形
选择对象：
指定基点或 [位移(D)] <位移>：  指定第二个点或<使用第一个点作为位移>：
                                                          //适当位置单击
```

结果如图 9-10 所示。

```
命令：_rectang                                              //启用矩形命令|□
指定第一个角点或 [倒角(C)/标高(E)/圆角(F)/厚度(T)/宽度(W)]：<对象捕捉 开> <正交 开>
                                                          //在绘图区域单击一点
```

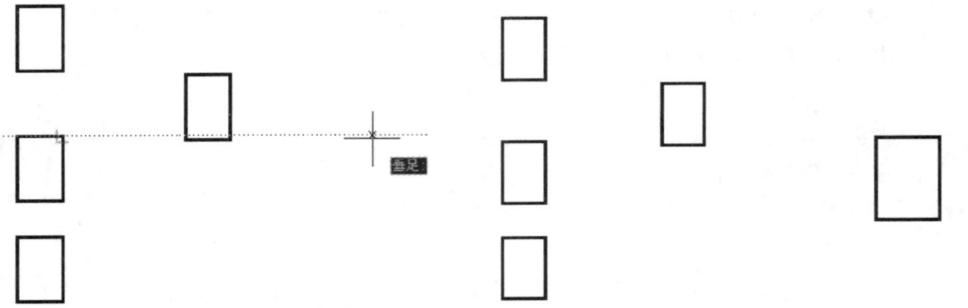

图 9-10   绘制长 30、宽 40 长方形

```
指定另一个角点或[面积(A)/尺寸(D)/旋转(R)]:@20,20              //输入另一点
命令:_copy                                              //启用复制 ⬚ 命令,复制一个
命令:_rectang                                           //启用矩形命令 ⬚
指定第一个角点或[倒角(C)/标高(E)/圆角(F)/厚度(T)/宽度(W)]:<对象捕捉 开> <正交 开>
                                                         //在绘图区域单击一点
指定另一个角点或[面积(A)/尺寸(D)/旋转(R)]:@15,15              //输入另一点
命令:_move                                               //启用移动 ✛ 命令
选择对象:指定对角点:找到 1                                    //选择长方形
指定基点或[位移(D)]<位移>: 指定第二个点或 <使用第一个点作为位移>:
                                                         //在适当位置单击,调整位置
命令:_rectang                                           //启用矩形命令 ⬚
指定第一个角点或[倒角(C)/标高(E)/圆角(F)/厚度(T)/宽度(W)]:<对象捕捉 开> <正交 开>
                                                         //在绘图区域单击一点
指定另一个角点或[面积(A)/尺寸(D)/旋转(R)]:@40,40              //输入另一点
命令:_move                                               //启用移动 ✛ 命令
选择对象:指定对角点:找到 1 个                                  //选择长方形
选择对象:
指定基点或[位移(D)]<位移>: 指定第二个点或<使用第一个点作为位移>:
                                                         //适当位置单击,调整位置
```

结果如图 9-11 所示。

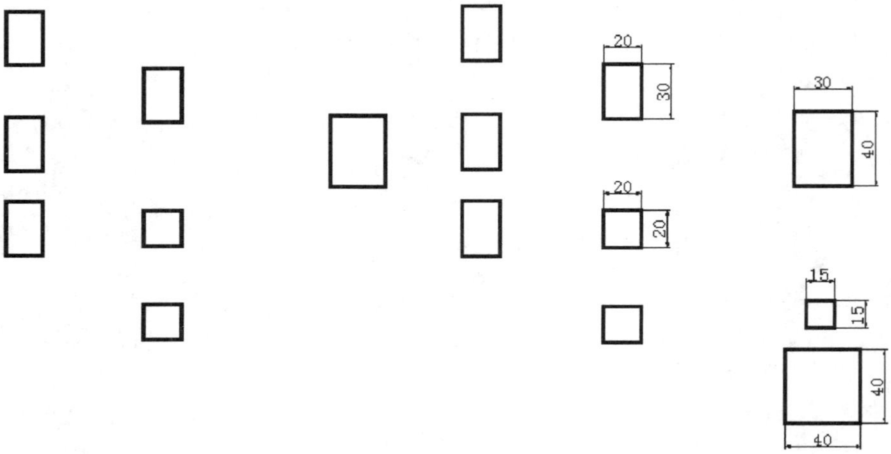

图 9-11   绘制其他长方形

（5）绘制长方形内部图形和长方形之间的连接线。

　　命令：_line 指定第一点：　　　　　　　　　　　　　　　//启用直线 ╱ 命令，画内部图形

　　命令：_polygon 输入边的数目 <4>：3　　　　　　　　　　//启用正多边形 ⬠ 命令，画正三角形

　　命令：_circle 指定圆的圆心或 [三点(3P)/两点(2P)/切点、切点、半径(T)]：

　　　　　　　　　　　　　　　　　　　　　　　　　　　　　//启用圆命令 ◷，绘制两个小圆

　　命令：_line 指定第一点：　　　　　　　　　　　　　　　//启用直线 ╱ 命令，画图形之间的连线

选择线的宽度为 0.18，即 ——————0.18 毫米 ，结果如图 9-12 所示。

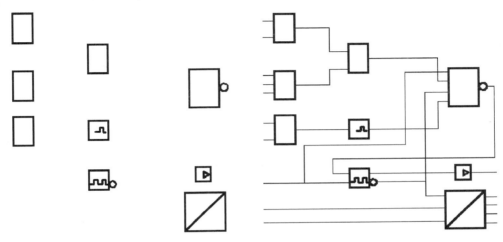

图 9-12　绘制长方形内部图形和长方形之间的连接线

（6）选用多行文字进行文字注写，字体为宋体，文字高度为 7。根据图中实际需要可调整文字的大小，如图 9-13 所示。

最后结果如图 9-7 所示。

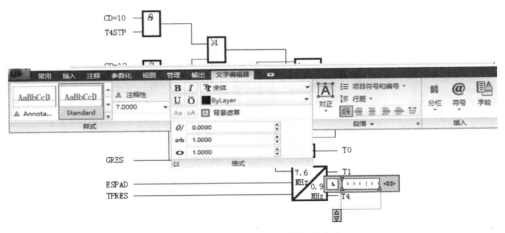

图 9-13　注写文字并调整文字大小

9.1.3　电路图的画法

1. 电路图的基本特点

用图形符号并按工作顺序排列，详细表示总系统、分系统、电路、设备或成套装置的全部基

本组成和连接关系,而不考虑其组成项目的实体尺寸、形状或实际位置的一种简图,称为电路图。通过电路图能详细理解电路、设备或成套装置及其组成部分的工作原理,了解电路所起的作用(可能还需要如表格、程序文件、其他简图等补充资料);作为编制接线图的依据,电路图为测试和寻找故障提供信息(可能还需要诸如手册、接线文件等补充文件),为总系统、分系统、电器部件、设备、软件等的安装和维修提供依据。

2. 电路图绘制的基本原则

(1)电路图中的符号和电路应按功能关系布局。电路垂直布置时,类似项目宜横向对齐;水平布置时,类似项目宜纵向对齐。功能上相关的项目应靠近绘制,同等重要的并联通路应依主电路对称布置。

(2)信号流的主要方向为由左至右或由上至下。如果不能明确表示某个信号流动方向,可在连接线上加箭头表示。

(3)电路图中回路的连接点可用小圆点表示,也可不用小圆点表示。但在同一张图样中宜采用一种表示形式。

(4)图中由多个元器件组成的功能单元或功能组件,必要时可用点画线框出。

(5)图中不属于该图共用高层代号范围内的设备,可用点画线或双点画线框出,并加以说明。

(6)图中设备的未使用部分,可绘出或注明。

【例9-3】 绘制如图9-14所示的图形。

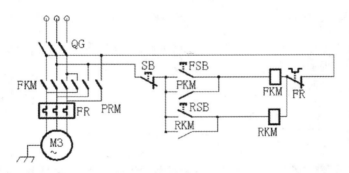

电路图的画法

图9-14　三相异步电动控制电路

【画法步骤】

(1)创建新的图形文件。选择【开始】→【程序】→【Autodesk】→【AutoCAD 2016 中文版】→【AutoCAD 2016】,进入AutoCAD 2016 中文版绘图主界面。

(2)绘制图的整体框架。选择线的宽度为0.3,即 ━━━━ 0.30毫米 。

```
命令:_circle 指定圆的圆心或 [三点(3P)/两点(2P)/切点、切点、半径(T)]:
                                        //启用圆命令 ⊙
                                        //在下方适当位置选择一点为圆心
指定圆的半径或 [直径(D)]:30              //输入半径值
命令:_line 指定第一点:                   //启用直线 ✏ 命令,单击上象限点
指定下一点或 [放弃(U)]:25                //正交往上
指定下一点或 [放弃(U)]:35                //正交往左
指定下一点或 [放弃(U)]:30                //正交往上
```

指定下一点或 [放弃(U)]:70	//正交往右
指定下一点或 [放弃(U)]:30	//正交往下
指定下一点或 [放弃(U)]:35	//正交往左

结果如图 9-15 所示。

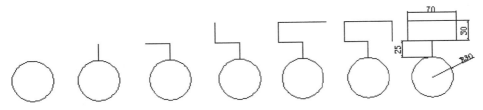

图 9-15　绘制圆和方框

命令:_rectang	//启用矩形命令▢
指定第一个角点或 [倒角(C)/标高(E)/圆角(F)/厚度(T)/宽度(W)]:	//在绘图区域单击一点
指定另一个角点或 [面积(A)/尺寸(D)/旋转(R)]:	//@20,30 按回车键
命令:_copy	//启用复制🔁命令
选择对象:指定对角点:找到 1 个	//选择正方形
当前设置: 复制模式=多个	
指定基点或 [位移(D)/模式(O)]<位移>:	//选择右下端点
指定第二个点或<使用第一个点作为位移>:	//正交打开,对象追踪,往下方确定位置
命令:_move	//启用移动✛命令
选择对象:指定对角点:找到 2 个	//选择 2 个长方形
选择对象:	
指定基点或 [位移(D)]<位移>: 指定第二个点或<使用第一个点作为位移>:	
	//在适当位置单击,调整位置

结果如图 9-16 所示。

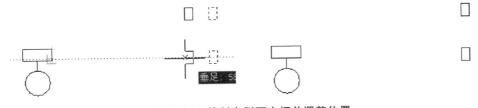

图 9-16　绘制右侧两方框并调整位置

（3）绘制大方框以上开关。

命令:_line 指定第一点:	//启用直线✏命令,单击长方形上边中点
指定下一点或 [放弃(U)]:30	//正交往上
指定下一点或 [放弃(U)]:20	//斜线与水平成120°角
命令:_line 指定第一点:	//启用直线✏命令,追踪找点
指定下一点或 [放弃(U)]:50	//正交往上
指定下一点或 [放弃(U)]:30	//斜线与水平成120°角
命令:_line 指定第一点:	//启用直线✏命令,追踪找点
指定下一点或 [放弃(U)]:50	//正交往上

命令：_circle 指定圆的圆心或 [三点(3P)/两点(2P)/切点、切点、半径(T)]:   //启用圆命令 ⊘

                  //直线上端点为圆心

指定圆的半径或 [直径(D)]:5   //输入半径值

命令：_copy   //启用复制 🐝 命令

选择对象：指定对角点：找到 6 个   //选择正方形

当前设置： 复制模式=多个

指定基点或 [位移(D)/模式(O)] <位移>:   //选择下端点

指定第二个点或 <使用第一个点作为位移>:20   //输入距离,向左单击

指定第二个点或 [退出(E)/放弃(U)] <退出>:20   //输入距离,向右单击

结果如图 9-17 所示。

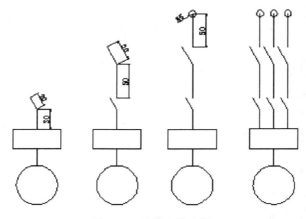

图 9-17　绘制开关步骤 1

使用同样的方法,运用直线命令 ✐ 和修剪命令 -/-- 绘制开关,如图 9-18 所示。

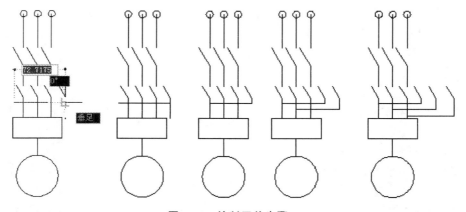

图 9-18　绘制开关步骤 2

（4）绘制右侧开关。

命令：_line 指定第一点：   //启用直线 ✐ 命令,单击长方形左边中点

指定下一点或 [放弃(U)]:100   //正交往左

指定下一点或 [放弃(U)]:30   //正交往下

指定下一点或 [放弃(U)]:50   //正交往左

指定下一点或［放弃(U)］:30	//斜线与水平成120°角
命令:_line 指定第一点:	//启用直线╱命令,追踪找点
指定下一点或［放弃(U)］:30	//正交往上
指定下一点或［放弃(U)］:30	//斜线与水平成150°角
命令:_line 指定第一点:	//启用直线╱命令,追踪找点
命令:_copy	//启用复制🐾命令
选择对象:指定对角点:找到 2 个	//选择前面开关
当前设置: 复制模式=多个	
指定基点或［位移(D)/模式(O)］<位移>:	//选择右端点
指定第二个点或 <使用第一个点作为位移>:	//选择端点
命令:_mirror	//启用镜像⚒命令
选择对象:指定对角点:找到 1 个	
选择对象:	
指定镜像线的第一点:指定镜像线的第二点:	//选择直线上的两点
要删除源对象吗?［是(Y)/否(N)］<N>:	//按回车键
命令:_line 指定第一点:	//启用直线╱命令,单击斜线上一点
指定下一点或［放弃(U)］:30	//正交往上
指定下一点或［放弃(U)］:5	//正交往左
指定下一点或［放弃(U)］:10	//正交往右
命令:_copy	//启用复制🐾命令,向下复制
选择对象:指定对角点:找到 11 个	//选择所绘制图形
当前设置: 复制模式=多个	
指定基点或［位移(D)/模式(O)］<位移>:	//选择端点
指定第二个点或 <使用第一个点作为位移>:	//选择下一个方框的左中点

结果如图 9-19 所示。

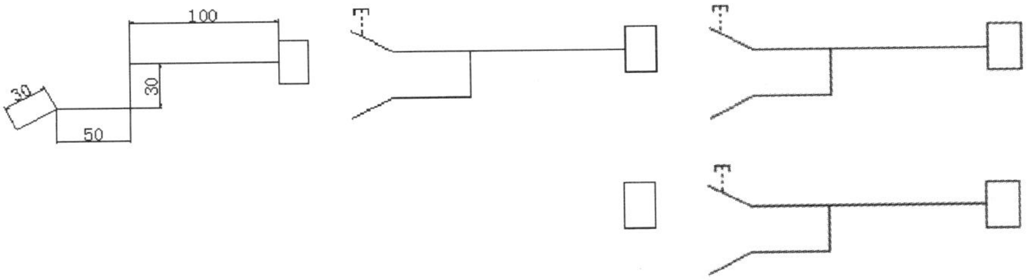

图 9-19 绘制右侧开关步骤 1

命令:_line 指定第一点:	//启用直线╱命令,对象追踪找点
指定下一点或［放弃(U)］:20	//正交往左
指定下一点或［放弃(U)］:30	//正交往下
指定下一点或［放弃(U)］:20	//正交往右

使用同样的方法,继续通过直线命令绘制,结果如图 9-20 所示。

命令:_line 指定第一点:	//启用直线╱命令,绘制左右开关

结果如图 9-21 所示。

(5)将左、右两部分对接,检查漏线,用直线命令将其连接。

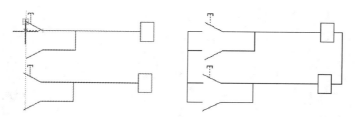

图 9-20　绘制右侧开关步骤 2

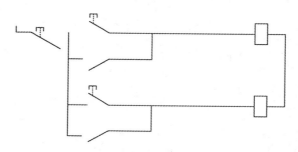

图 9-21　绘制右侧开关步骤 3

命令：_line 指定第一点：　　　　　　　　　　　　//启用直线 ✐ 命令,连接其余直线

结果如图 9-22 所示。

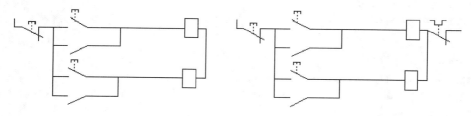

图 9-22　左右相连接

（6）绘制节点,并进行图案填充,加粗相关图线。

命令：_circle 指定圆的圆心或 [三点(3P)/两点(2P)/切点、切点、半径(T)]：

//启用圆命令 ◔,在节点处绘制小圆

命令:bhatch　　　　　　　　　　　　　　　　//启用图案填充 ▨ 命令,进行填充

结果如图 9-23 所示。

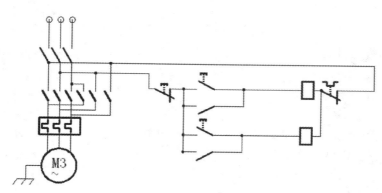

图 9-23　绘制节点和加粗图线

（7）检查图形,加粗图线并进行文字注写。将图中的方框、阀门加粗,线宽为 0.30 毫米;选用多行文字进行文字注写,字体为宋体,文字高度为 18。根据图中实际需要可调整文字的大小,如图 9-24 所示。

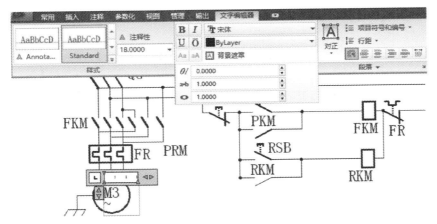

图 9-24　注写文字

◀ 9.2　接　线　图 ▶

9.2.1　导线的一般画法

1. 导线的一般符号

导线的一般符号可用于表示一根导线、导线组、电线、电缆、电路、传输电路、线路、母线、总线等,根据具体情况进行加粗、延长或缩小。

2. 导线和导线根数的画法

在绘制电气工程图时,一般的图线可表示单根导线。对于多根导线,可以分别画出,也可以只画 1 根图线,但需加标志。若导线少于 4 根,可用短划线数量代表根数;若多于 4 根,可在短划线旁边加数字表示,见表 9-1。

表 9-1　导线和导线根数表示法

序　　号	图　形　符　号	说　　　明	画法使用命令
1		一般符号	直线
2	///	3 根导线	直线
3	*n*	n 根导线	直线
4	3N~50Hz　　380V 3×70+1×35　　A1	具体表示	直线 多行文字
5	KVV-8×1.0P20WC	具体表示	

序　号	图形符号	说　明	画法使用命令
6		柔软导线	直线、样条曲线
7		屏蔽导线	直线、圆
8		绞合导线	直线
9		分支与合并	
10	L3 L1	相序变更	直线、多行文字
11		电缆	直线

3. 图线的粗细

为了突出或区分某些电路及电路的功能等，导线、连接线等可采用不同粗细的图线来表示。一般来说，电源主电路、一次电路、主信号通路等采用粗线，与之相关的其余部分用细线。由隔离开关、断路器等组成的变压器的电源电路用粗线表示，而由电流互感器和电压互感器、电度表组成的电流测量电路用细线表示。

9.2.2　连续线的画法

两端子之间的连接导线用连续线表示，并标注独立标记的表示方法为连续线的画法。

连续线的画法

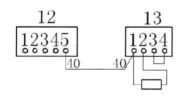

图 9-25　连续线图例

【例 9-4】　绘制如图 9-25 所示的接线图。

【画法步骤】

（1）创建新的图形文件。选择【开始】→【程序】→【Autodesk】→【AutoCAD 2016 中文版】→【AutoCAD 2016】，进入 AutoCAD 2016 中文版绘图主界面。

（2）运用矩形命令、圆命令、多行文字注写、对象追踪等命令绘制左侧方框。

选择线的宽度为 0.3，即 ▬▬▬ 0.30 毫米。

```
命令：_rectang                                              //启用矩形命令
指定第一个角点或 [倒角(C)/标高(E)/圆角(F)/厚度(T)/宽度(W)]：    //在绘图区域单击一点
指定另一个角点或 [面积(A)/尺寸(D)/旋转(R)]：@30,15               //单击另一角点
命令：_mtedit                          //启用多行文字 A 命令，字体大小按照方框长度调整
命令：_circle 指定圆的圆心或 [三点(3P)/两点(2P)/切点、切点、半径(T)]：
                                                           //启用圆命令
                                                           //数字 1 下方一点为圆心
指定圆的半径或 [直径(D)]：                                     //大小根据图形比例指定
```

命令:_copy	//启用复制🔧命令
选择对象:指定对角点:找到 1 个	//选择 1 下方小圆
当前设置: 复制模式=多个	
指定基点或 [位移(D)/模式(O)] <位移>:	//小圆圆心
指定第二个点或 <使用第一个点作为位移>:	//正交打开,选择 2 下方一点
指定第二个点或 <使用第一个点作为位移>:	//正交打开,选择 3 下方一点
指定第二个点或 <使用第一个点作为位移>:	//正交打开,选择 4 下方一点
指定第二个点或 <使用第一个点作为位移>:	//正交打开,选择 5 下方一点

结果如图 9-26 所示。

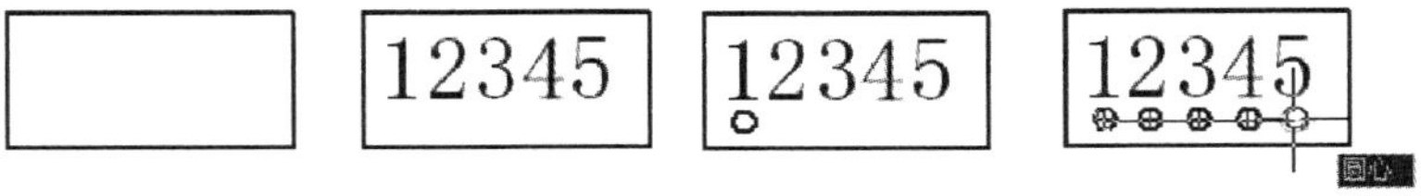

图 9-26　绘图步骤 1

（3）绘制右侧方框。

命令:_copy	//启用复制🔧命令
选择对象:指定对角点:找到 7 个	//选择绘制完成的左侧方框
当前设置: 复制模式=多个	
指定基点或 [位移(D)/模式(O)] <位移>:	//左下角点
指定第二个点或 <使用第一个点作为位移>:	//正交打开,水平方向单击一点
命令:_stretch	//启用拉伸🔳命令
以交叉窗口或交叉多边形选择要拉伸的对象…	//框选方框左侧
选择对象:指定对角点:找到 1 个	
指定基点或 [位移(D)] <位移>:	//方框右下角点
指定第二个点或 <使用第一个点作为位移>:	//4、5 文字中间单击

双击 12345 文字,对其进行修改,将 5 删除。

命令:_erase	//启用删除🖊命令
选择对象:找到 1 个	//选择 5 下面小圆,将其删除

结果如图 9-27 所示。

图 9-27　绘图步骤 2

（4）绘制右下方的方框。

命令:_rectang	//启用矩形命令🔲
指定第一个角点或 [倒角(C)/标高(E)/圆角(F)/厚度(T)/宽度(W)]:	//在绘图区域单击一点
指定另一个角点或 [面积(A)/尺寸(D)/旋转(R)]:	//单击另一角点,大小根据图形确定

结果如图 9-28 所示。

（5）用直线命令连接三个图框,并注写文字。

选择线的宽度为 0.18,即 ——————— 0.18 毫米 。

命令:_line 指定第一点:	//启用直线🖊命令
指定下一点或 [放弃(U)]:	//正交打开,在适当位置进行连接

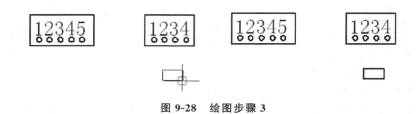

图 9-28　绘图步骤 3

进行文字注写,效果如图 9-29 所示。

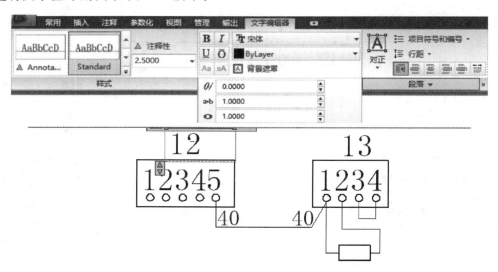

图 9-29　绘图步骤 4

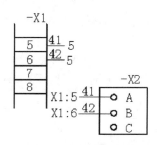

图 9-30　中断线画法图例

9.2.3　中断线的画法

两端子之间的连接导线用中断的方式表示,在中断处必须标明导线的去向。

中断线的画法

【例 9-5】　绘制如图 9-30 所示的接线图。

【画法步骤】

(1)创建新的图形文件。选择【开始】→【程序】→【Autodesk】→【AutoCAD 2016 中文版】→【AutoCAD 2016】,进入 AutoCAD 2016 中文版绘图主界面。

(2)绘制左侧图形。

选择线的宽度为 0.3,即　━━━━━ 0.30 毫米 。

命令:_line 指定第一点:　　　　　　　　　//启用直线 ╱ 命令,在绘图区域单击一点
指定下一点或〔放弃(U)〕:　　　　　　　　//正交打开,向下单击一点,长度自定

选择【格式】→【点样式】,可以设置点的样式;选择【绘图】→【点】→【定数等分】,启用定数等分命令,将直线分成 6 份。

命令:_line 指定第一点:　　　　　　　　　//启用直线 ╱ 命令,单击最上点
指定下一点或〔放弃(U)〕:　　　　　　　　//正交打开,向左单击一点,长度自定
命令:_copy　　　　　　　　　　　　　　　//启用复制 ❀ 命令
选择对象:指定对角点:找到 1 个　　　　　//选择水平直线

当前设置： 复制模式=多个	
指定基点或 [位移(D)/模式(O)] <位移>：	//直线左端点
指定第二个点或 <使用第一个点作为位移>：	//正交打开,竖直向下单击等分第二点
指定第二个点或 <使用第一个点作为位移>：	//正交打开,竖直向下单击等分第三点
指定第二个点或 <使用第一个点作为位移>：	//正交打开,竖直向下单击等分第四点
指定第二个点或 <使用第一个点作为位移>：	//正交打开,竖直向下单击等分第五点
命令：_copy	//启用复制 命令
选择对象:指定对角点:找到 1 个	//选择竖直的直线
当前设置： 复制模式=多个	
指定基点或 [位移(D)/模式(O)] <位移>：	//水平与竖直线的交点
指定第二个点或 <使用第一个点作为位移>：	//正交打开,水平线右端点

结果如图 9-31 所示。

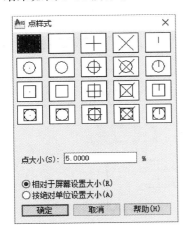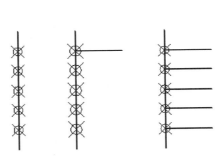

图 9-31　绘图步骤 1

(3) 绘制右侧图形。

命令：_rectang	//启用矩形命令
指定第一个角点或 [倒角(C)/标高(E)/圆角(F)/厚度(T)/宽度(W)]：	//在绘图区域单击一点
指定另一个角点或 [面积(A)/尺寸(D)/旋转(R)]：	//单击另一角点
命令：_mtedit	//启用多行文字 命令,输入 A、B、C
命令：_circle 指定圆的圆心或 [三点(3P)/两点(2P)/切点、切点、半径(T)]：	//启用圆命令
	//字母 A 左侧一点为圆心
指定圆的半径或 [直径(D)]：	//大小根据图形比例指定
命令：_copy	//启用复制 命令
选择对象:指定对角点:找到 1 个	
当前设置： 复制模式=多个	
指定基点或 [位移(D)/模式(O)] <位移>：	//小圆圆心
指定第二个点或 <使用第一个点作为位移>：	//正交打开,选择 B 左侧一点
指定第二个点或 <使用第一个点作为位移>：	//正交打开,选择 C 左侧一点

结果如图 9-32 所示。

(4) 绘制中断线,注写文字。

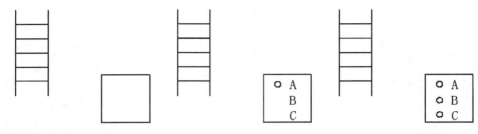

图 9-32　绘图步骤 2

选择线的宽度为 0.18，即 ————0.18 毫米 。

命令：_line 指定第一点：　　　　　　　　　　　　　　　　　//启用直线 ╱ 命令

指定下一点或 [放弃(U)]：　　　　　　　　　　//正交打开，在适当位置进行连接

结果如图 9-33 所示。

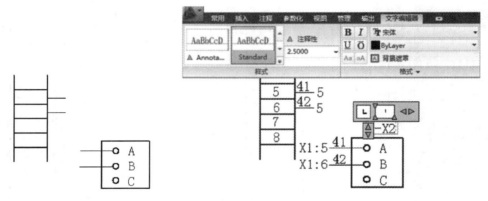

图 9-33　绘图步骤 3

9.2.4　互连接线的画法

互连接线图应提供设备或装置的不同结构单元之间连接所需信息。无须包括单元内部连接的信息，但可提供适当的检索标记，如与之有关的电路图或单元接线图的图号。

互连接线
的画法

互连接线图的各个视图应画在一个平面上，以表示单元之间的连接关系，各单元的图框用点画线表示。各单元间的连接关系既可用连续线表示，也可用中断线表示。

【例 9-6】　绘制图 9-34 所示的接线图。

【画法步骤】

（1）创建新的图形文件。选择【开始】→【程序】→【Autodesk】→【AutoCAD 2016 中文版】→【AutoCAD 2016】，进入 AutoCAD 2016 中文版绘图主界面。

（2）绘制三个主框架。

选择线型为点画线，即 —— - —— - —— Center；选择线的宽度为 0.18，即 ————0.18 毫米 。

命令：_rectang　　　　　　　　　　　　　　　　　//启用矩形命令 ▭

指定第一个角点或 [倒角(C)/标高(E)/圆角(F)/厚度(T)/宽度(W)]：　　//在绘图区域单击一点

指定另一个角点或 [面积(A)/尺寸(D)/旋转(R)]：　　//单击另一角点，大小自定，绘制第一个矩形

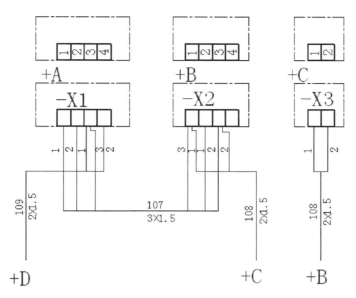

图 9-34　互连接线图例

```
命令:_rectang                                              //启用矩形命令▭
指定第一个角点或［倒角(C)/标高(E)/圆角(F)/厚度(T)/宽度(W)］:    //在绘图区域单击一点
指定另一个角点或［面积(A)/尺寸(D)/旋转(R)］:
                                            //单击另一角点,大小自定,绘制第二个矩形
命令:_rectang                                              //启用矩形命令▭
指定第一个角点或［倒角(C)/标高(E)/圆角(F)/厚度(T)/宽度(W)］:    //在绘图区域单击一点
指定另一个角点或［面积(A)/尺寸(D)/旋转(R)］:
                                            //单击另一角点,大小自定,绘制第三个矩形
```

结果如图 9-35 所示。

图 9-35　画图步骤 1

（3）绘制三个主框架内的小方框。

选择线的宽度为 0.3,即  。

```
命令:_rectang                                              //启用矩形命令▭
指定第一个角点或［倒角(C)/标高(E)/圆角(F)/厚度(T)/宽度(W)］:    //在绘图区域单击一点
指定另一个角点或［面积(A)/尺寸(D)/旋转(R)］:
                                            //单击另一角点,大小自定,绘制第一个矩形
命令:_copy                                                 //启用复制🐾命令
选择对象:指定对角点:找到 1 个                                //选择小方框
当前设置:  复制模式=多个
指定基点或［位移(D)/模式(O)］<位移>:                         //小方框的右下角点
指定第二个点或 <使用第一个点作为位移>:                        //正交打开,依次进行复制
```

结果如图 9-36 所示。

图 9-36 画图步骤 2

（4）检查图形，绘制连接线。

选择线的宽度为 0.13，即 ━━━━━ 0.13 毫米 。

| 命令：_line 指定第一点： | //启用直线 ✎ 命令 |
| 指定下一点或 [放弃(U)]： | //正交打开，按从左到右的顺序依次绘制 |

结果如图 9-37 所示。

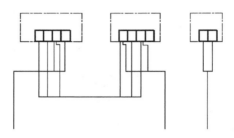

图 9-37 画图步骤 3

（5）标注文字时，字体为宋体，大小根据图形的实际大小来确定。为了保证字体的一致性，建议同样大小的字体确定一个之后，其余都进行复制，然后对复制后的文字双击进行修改，这样效率比较高。如果文字的方向不一致，可先标出一个，对其进行旋转，这样就能满足要求。

| 命令：_mtedit | //启用多行文字 Ａ 命令 |

结果如图 9-38 所示。

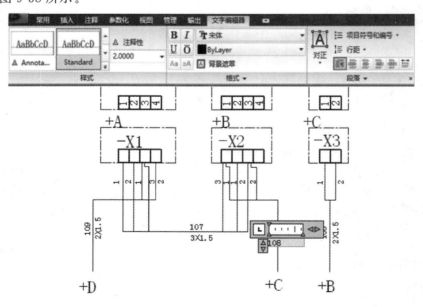

图 9-38 画图步骤 4

9.2.5　电缆配置图的画法

电缆配置图应提供设备或装置的结构单元之间敷设电缆所需的全部信息,一般表示电缆的种类,也可表示线缆的路径情况。它是敷设电缆工程的依据。电缆配置图只表示电缆的配置情况,而不表示电缆两端的连接情况,因此,电缆配置图比较简单。通常情况下,各单元用实线框表示,且只表示出各单元之间所配置的电缆,并不表示出电缆和各单元的详细情况。

【例 9-7】　绘制如图 9-39 所示的电缆配置图。

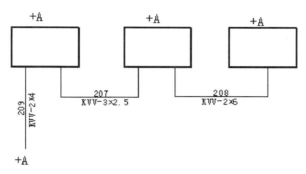

电缆配置图
的画法

图 9-39　电缆配置图例

【画法步骤】

(1) 创建新的图形文件。选择【开始】→【程序】→【Autodesk】→【AutoCAD 2016 中文版】→【AutoCAD 2016】,进入 AutoCAD 2016 中文版绘图主界面。

(2) 绘制三个单元。

选择线的宽度为 0.3,即 ████████ 0.30 毫米 。

命令: _rectang	//启用矩形命令 ▱
指定第一个角点或 [倒角 (C) /标高 (E) /圆角 (F) /厚度 (T) /宽度 (W)]:	//在绘图区域单击一点
指定另一个角点或 [面积 (A) /尺寸 (D) /旋转 (R)]:	
	//单击另一角点,大小自定,绘制第一个矩形
命令: _copy	//启用复制 命令
选择对象:指定对角点:找到 1 个	//选择小方框
当前设置:　复制模式=多个	
指定基点或 [位移 (D) /模式 (O)] <位移>:	//小方框的右下角点
指定第二个点或 <使用第一个点作为位移>:	//正交打开,依次进行复制

结果如图 9-40 所示。

图 9-40　画图步骤 1

(3) 检查图形,绘制连接线。

选择线的宽度为 0.18,即 ████████ 0.18 毫米 。

命令: _line 指定第一点:	//启用直线 命令
指定下一点或 [放弃 (U)]:	//正交打开,按从左到右的顺序依次绘制

结果如图 9-41 所示。

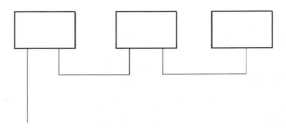

图 9-41　画图步骤 2

（4）进行文字标注。

命令：_mtedit　　　　　　　　　　　　　　　　　　　　//启用多行文字[A]命令

结果如图 9-42 所示。

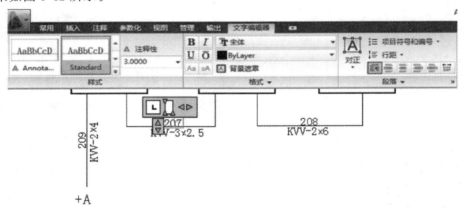

图 9-42　画图步骤 3

习　　题

1. 绘制如图 9-43 所示电气电路部件图。

2. 绘制如图 9-44 所示起动器主电路连接线图。

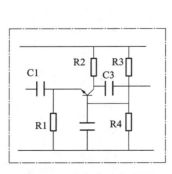

图 9-43　电气电路部件图

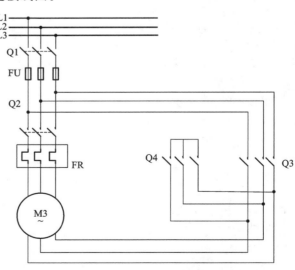

图 9-44　起动器主电路连接线图

第 10 章

电气AutoCAD 2016 上机操作指导

【本章提要】

用户学习电气AutoCAD 2016 以后,经常要绘制一些功能图、电路原理图、电路控制图、电路接线图、三维立体等实际图形。为了使用户在绘图过程中养成良好的习惯,掌握绘图技巧,轻松地进行上机操作,本章重点介绍一些具体的实例进行上机实验指导,希望对用户以后进行AutoCAD绘图有很大帮助。

【学习目标】

一般来说,在AutoCAD中绘制图形的基本步骤如下。

(1) 创建图形文件。

(2) 设置图形单位与界限。

(3) 创建图层,设置图层颜色、线型、线宽等。

(4) 调用或绘制图框和标题栏。

(5) 选择当前图层并绘制图形。

(6) 填写标题栏、明细表、技术要求等。

◀ 10.1 上机操作指导一 电路图绘制 ▶

【题目 10-1】 绘制如图 10-1 所示的套筒洗衣机控制电路图。

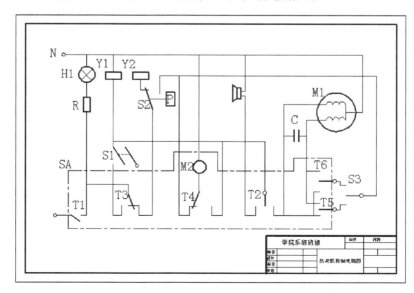

套筒洗衣机
控制电路图

图 10-1 套筒洗衣机控制电路图

（1）创建新的图形文件。选择【开始】→【程序】→【Autodesk】→【AutoCAD 2016 中文版】→【AutoCAD 2016】，进入AutoCAD 2016 中文版绘图主界面。

（2）设置图形界限。根据图形的大小和1:1作图原则，设置图形界限为297 mm×210 mm，横放比较合适，即标准 A4 图纸。

①设置图形界限。

```
命令:_limits                                      //选择【格式】→【图形界限】菜单命令
重新设置模型空间界限:
   指定左下角点或[开(ON)/关(OFF)]<0.0000,0.0000>:            //按回车键
   指定右上角点<420.0000,297.0000>:297,210              //输入新的图形界限
```

②显示图形界限。设置了图形界限后，一定要通过显示缩放命令将整个图形范围显示成当前的屏幕大小。最简便的方法就是单击缩放工具栏中的【全部缩放】按钮 🔍。

（3）设置图层。由于本图例线型少，因此不用设置图层，在 0 图层绘制就可以了。

（4）图形绘制。

①绘制边框和标题栏。用矩形 ▢、直线 ✏、偏移 ⬛、修剪 ✂、多行文字 **A** 等命令绘制出边框和标题栏，如图 10-2 所示。

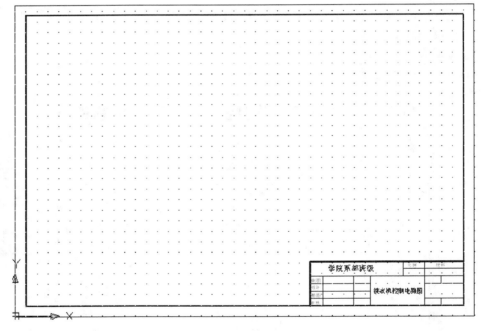

图 10-2　电路图绘制 1

②绘制图形主框架。在整个图纸空间，根据如图 10-1 所示的图形结构，确定出三个点，即图中三个元件 H1、M1 和 M2 所在位置点，如图 10-3 所示。

③绘制其他电子元件，绘制过程中可随时选用平移 ✛ 命令进行位置调整，如图 10-4 所示。

④元件之间图线连接。连接图线时，根据元件之间的位置，可对元件进行适当的位置调整，如图 10-5 所示。

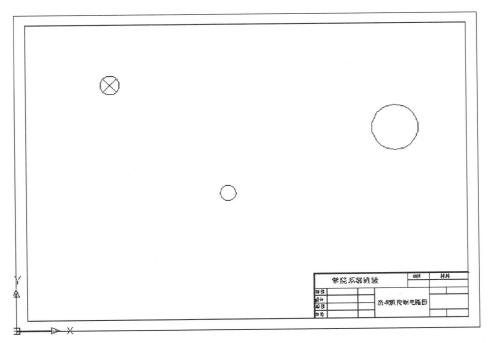

图 10-3　电路图绘制 2

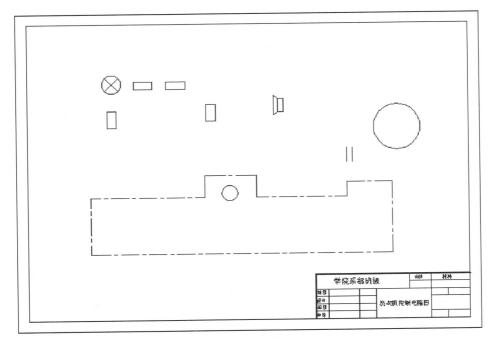

图 10-4　电路图绘制 3

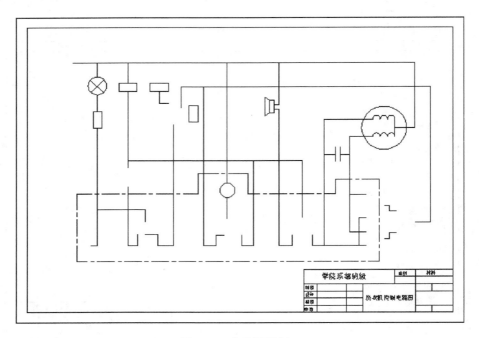

图 10-5 电路图绘制 4

　　⑤用直线 ✐、圆 ⊘、移动 ✛、修剪 ⊹ 等命令，绘制各接点处的阀门，并加粗图线，如图 10-6 所示。

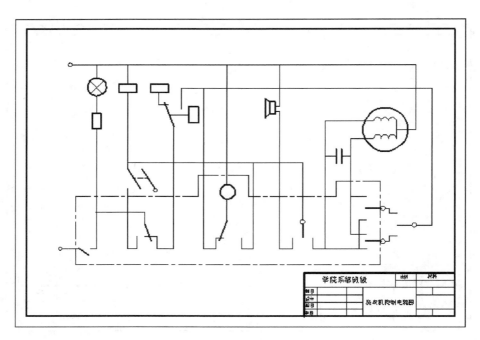

图 10-6 电路图绘制 5

　　⑥检查图形，调整图形位置，注写文字。利用多行文字命令，注写图中所有文字，文字高度为 10，字体为宋体，如图 10-7 所示。

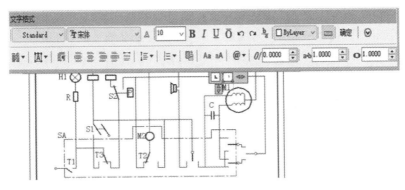

图 10-7　电路图绘制 6

◀ 10.2　上机操作指导二　接线图绘制 ▶

【题目 10-2】　绘制如图 10-8 所示的电动机正反转控制电气接线图。

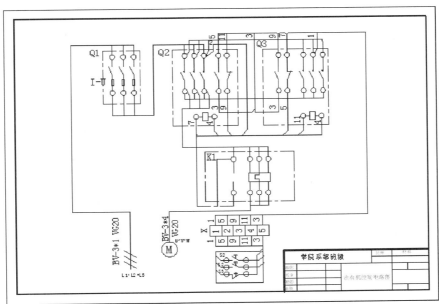

电动机正反转
控制电气接线图

图 10-8　电动机正反转控制电气接线图

（1）创建新的图形文件。选择【开始】→【程序】→【Autodesk】→【AutoCAD 2016 中文版】
→【AutoCAD 2016】,进入 AutoCAD 2016 中文版绘图主界面。

（2）设置图形界限。根据图形的大小和 1:1 作图原则,设置图形界限为 420 mm×297 mm,
横放比较合适,即标准 3 号图纸。

①设置图形界限。

```
命令:_limits                                        //选择【格式】→【图形界限】菜单命令
重新设置模型空间界限:
指定左下角点或[开(ON)/关(OFF)]<0.0000,0.0000>:              //按回车键
指定右上角点<420.0000,297.0000>:                            //输入新的图形界限
```

②显示图形界限:设置了图形界限后,一定要通过显示缩放命令将整个图形范围显示成当前的屏幕大小。最简捷的方法就是单击缩放工具栏中的【全部缩放】按钮🔍。

(3)设置图层。由于本图例线型少,因此不用设置图层,在 0 图层绘制就可以了。

(4)图形绘制。

①绘制边框和标题栏。用矩形▭、直线╱、偏移⚎、修剪⊸、多行文字**A**等命令先绘制边框和标题栏,如图 10-9 所示。

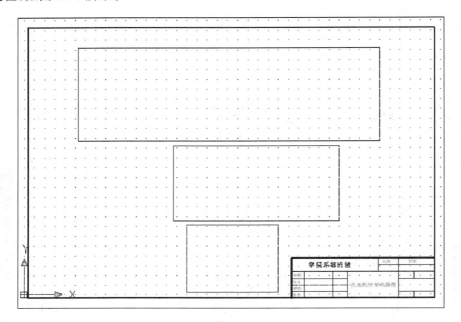

图 10-9　绘制边框和标题栏

②绘制上区接线图。绘制过程中,多用复制🔁、对象捕捉、对象追踪、移动✛等常用命令。上区左侧绘制步骤如图 10-10 所示,先用矩形▭、直线╱、圆⊘等命令绘制左侧一个,再通过复制🔁绘制右侧。

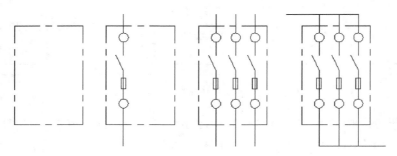

图 10-10　上区左侧绘制步骤

上区右侧绘制步骤如图 10-11 所示。

③中区图形绘制。用矩形▭、直线╱、圆⊘、修剪⊸等命令绘制图 10-12 左侧图形,再用复制🔁命令绘制图 10-12 右侧图形。

④下区图形绘制。用矩形▭、直线╱、圆⊘、修剪⊸、复制🔁、镜像⚏等命令绘制如图 10-13 所示图形。

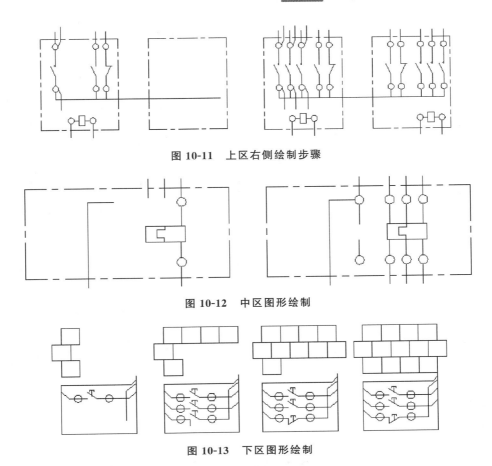

图 10-11 上区右侧绘制步骤

图 10-12 中区图形绘制

图 10-13 下区图形绘制

⑤用移动 ✛命令将以上三个所绘制的图形按位置进行对接,如图 10-14 所示。

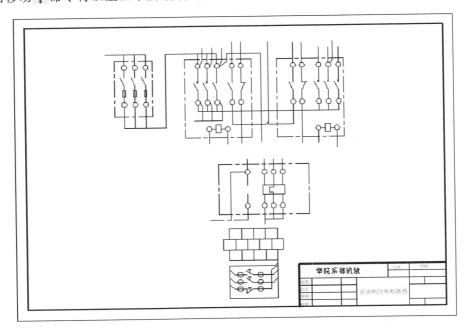

学院系部班级			比例		材料	
制图						
设计		洗衣机控制电路图				
审核						

图 10-14 三个图形对接

⑥用直线 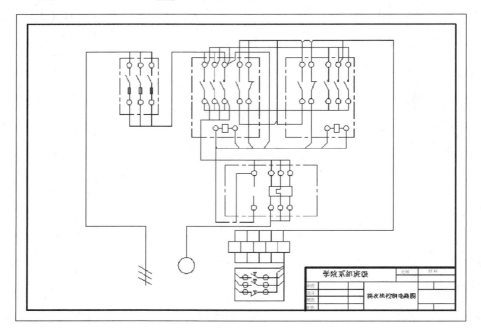、对象捕捉、延伸 等命令，绘制各元件之间的连接线，如图 10-15 所示。

图 10-15　绘制图形之间的连接线

⑦用多行文字命令注写图中文字。字体为宋体，文字大小可根据实际情况进行调整，注写文字后完成整个图形的绘制。

10.3　上机操作指导三　位置接线图绘制

【题目 10-3】　绘制如图 10-16 所示的 I/O 位置接线图。

【绘图步骤】

（1）创建新的图形文件。选择【开始】→【程序】→【Autodesk】→【AutoCAD 2016 中文版】→【AutoCAD 2016】，进入 AutoCAD 2016 中文版绘图主界面。

（2）设置图形界限。根据图形的大小和 1∶1 作图原则，设置图形界限为 420 mm×297 mm，竖放比较合适，即标准 3 号图纸竖放。

①设置图形界限。

```
命令：_limits                                           //选择【格式】→【图形界限】菜单命令
重新设置模型空间界限：
指定左下角点或[开(ON)/关(OFF)]<0.0000,0.0000>：              //按回车键
指定右上角点<420.0000,297.0000>：297,420                     //输入新的图形界限
```

②显示图形界限：设置了图形界限后，一定要通过显示缩放命令将整个图形范围显示成当前的屏幕大小。最简便的方法就是单击缩放工具栏中的【全部缩放】按钮。

（3）设置图层。由于本图例线型少，因此不用设置图层，在 0 图层绘制就可以了。

（4）图形绘制。

①用矩形 、直线 、偏移 、修剪 、多行文字 A 等命令绘制出边框和标题栏，如图 10-17 所示。

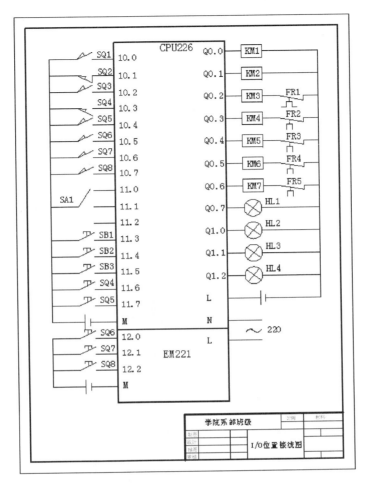

位置接线图绘制 1

位置接线图绘制 2

图 10-16　I/O 位置接线图

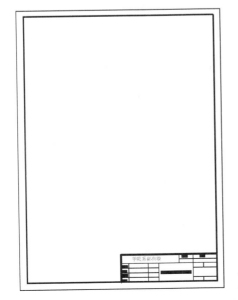

图 10-17　绘制出边框和标题栏

②根据图 10-16 图形结构的特点，进行图面布置，用矩形▢命令画出中间矩形框，如图 10-18 所示。

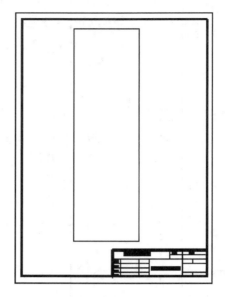

图 10-18　图面布置

③用分解命令▦把矩形打散，将左侧直线用点的定数等分进行 22 等分，将右侧直线上半段用点的定数等分进行 12 等分，如图 10-19 所示。

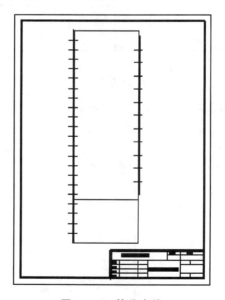

图 10-19　等分直线

④用矩形▢、直线⟋、圆◷、复制❀、镜像⚖、偏移⬤、修剪╱、多行文字 **A** 等命令，绘制出具有相同符号的电子元件，如图 10-20 所示。

⑤用复制❀、多行文字 **A** 等命令，绘制出具有相同类型的元件，如图 10-21 所示。

⑥检查图形，补充其他图线，用多行文字 **A** 命令进行文字注写。

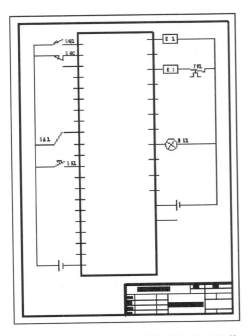

图 10-20　绘制出具有相同符号的电子元件

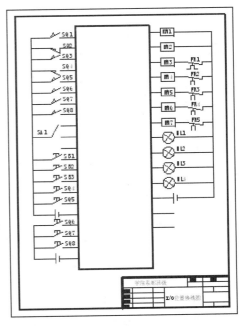

图 10-21　绘制出具有相同类型的元件

◀ 10.4　上机操作指导四　电路工程图绘制 ▶

【题目 10-4】 绘制如图 10-22 所示的典型电路工程图。

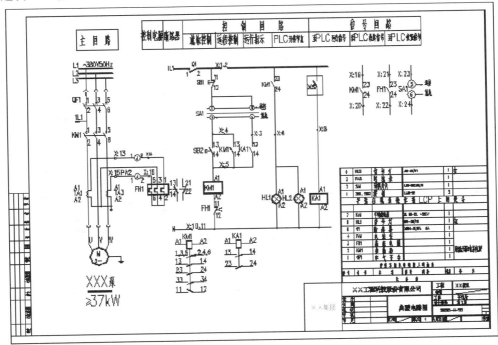

图 10-22　典型电路工程图

【绘图步骤】

（1）创建新的图形文件。选择【开始】→【程序】→【Autodesk】→【AutoCAD 2016 中文版】→【AutoCAD 2016】，进入AutoCAD 2016 中文版绘图主界面。

（2）设置图形界限。根据图形的大小和 1:1 作图原则，设置图形界限为 420 mm×297 mm，横放比较合适，即标准 3 号图纸。

①设置图形界限。

```
命令:_limits                                          //选择【格式】→【图形界限】命令
重新设置模型空间界限:
指定左下角点或[开(ON)/关(OFF)]<0.0000,0.0000>:              //按回车键
指定右上角点<420.0000,297.0000>:                        //输入新的图形界限
```

②显示图形界限。设置了图形界限后，一定要通过显示缩放命令将整个图形范围显示成当前的屏幕大小。最简便的方法就是单击缩放工具栏中的【全部缩放】按钮 。

（3）设置图层。由于本图例线型少，因此不用设置图层，在 0 图层绘制就可以了。

（4）图形绘制。

①绘制边框和标题栏。用矩形 、直线 、偏移 、修剪 、多行文字 **A** 等命令绘制边框和标题栏，如图 10-23 所示。

②用矩形 命令绘制，并将电路工程图分成四个区域，如图 10-24 所示。

③用矩形 、直线 、圆 、复制 、镜像 、偏移 、修剪 、多行文字 **A** 等命令，绘制 1 区内的图形，步骤如图 10-25 所示。

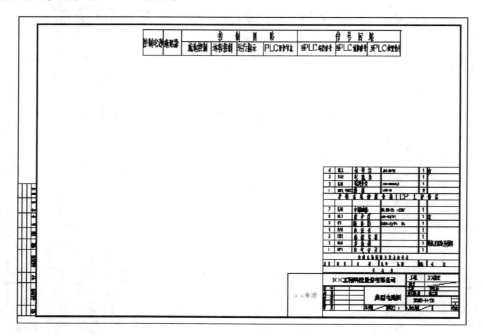

图 10-23　绘制边框和标题栏

④用矩形 、直线 、圆 、复制 、偏移 、修剪 、多行文字 **A** 等命令，绘制 2 区内的图形，步骤如图 10-26 所示。

⑤用矩形 、直线 、修剪 、多行文字 **A** 等命令，绘制 3 区内的图形，步骤如图 10-27 所示。

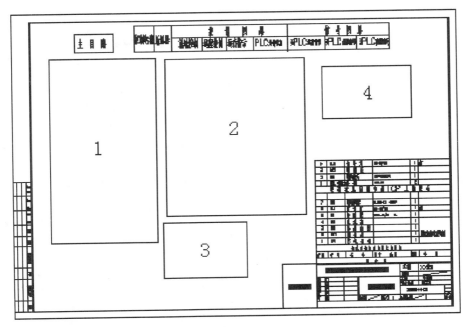

图 10-24　将电路工程图分成四个区域

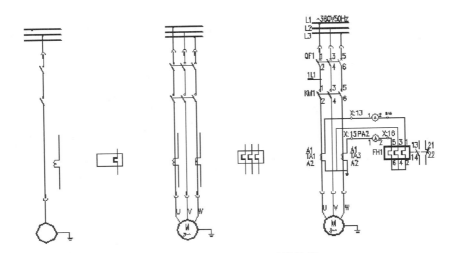

图 10-25　1 区内电路图形的绘制

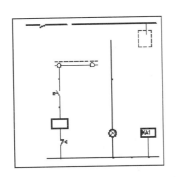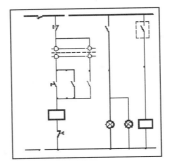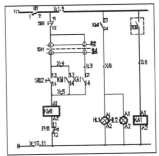

图 10-26　2 区内电路图形的绘制

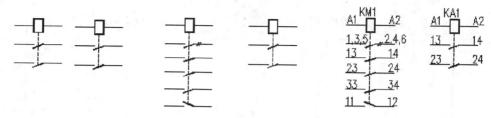

图 10-27 3 区内电路图形的绘制

⑥用直线 ✏、圆 ⊘、复制 ❀、修剪 ⊰、多行文字 **A** 等命令,绘制 4 区内的图形,步骤如图 10-28 所示。

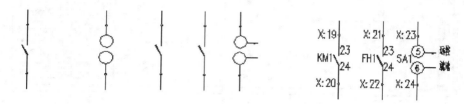

图 10-28 4 区内电路图形的绘制

⑦用移动 ✛、对象捕捉等命令,将绘制的四个区的图形进行对接,完成图形绘制,如图 10-29 所示。

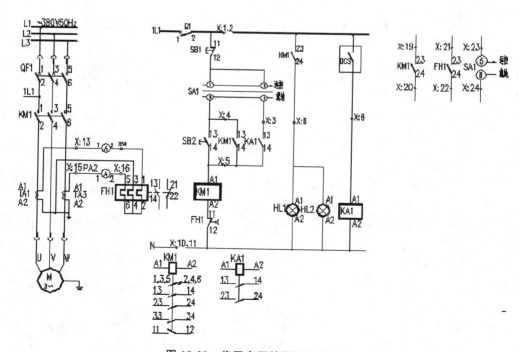

图 10-29 将四个区的图形进行对接

习　题

绘制如图 10-30 所示的典型电路图。

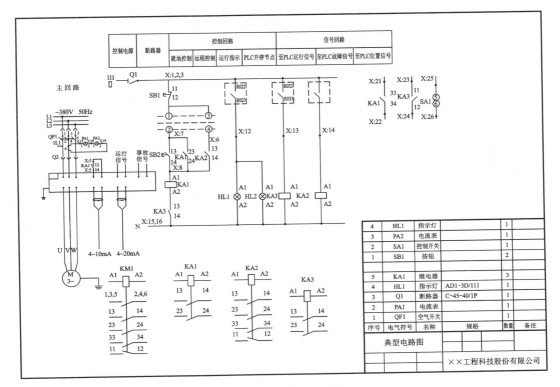

图 10-30　典型电路图

二 维 码	内 容
	《形状和位置公差 未注公差值》(GB/T 1184—1996)
	《机械制图 图样画法 图线》(GB/T 4457.4—2002)
	《紧固件 螺栓、螺钉、螺柱及螺母 尺寸代号和标注》(GB/T 5276—2015)
	《电气工程 CAD 制图规则》(GB/T 18135—2008)

参考文献 CANKAOWENXIAN

[1] 冯桂辰,崔素华,程玮燕.这样学AutoCAD机械制图超简单[M].北京:科学出版社,2014.

[2] 杨月英,张琳.中文版AutoCAD 2008机械绘图(含上机指导)[M].北京:机械工业出版社,2013.

[3] 王静,肖露,郗志刚.机械制图[M].武汉:华中科技大学出版社,2016.

[4] 黄仕君.AutoCAD 2010实用教程[M].北京:北京邮电大学出版社,2012.

[5] 张春来.AutoCAD 2010[M].成都:西南交通大学出版社,2014.

[6] 戴乃昌,汪荣青,郑秀丽.机械CAD[M].2版.杭州:浙江大学出版社,2015.

[7] 王代萍,郑军红,万世明.AutoCAD 2006中文版教程[M].武汉:武汉大学出版社,2007.

[8] 张云杰,郝利剑.AutoCAD 2014中文版电气设计案例课堂[M].北京:清华大学出版社,2015.

[9] 王国伟.AutoCAD 2010机械绘图实例教程[M].北京:机械工业出版社,2011.

[10] 何改云.AutoCAD 2010绘图基础[M].天津:天津大学出版社,2013.

[11] 陈冠玲.电气CAD基础教程[M].北京:清华大学出版社,2011.

[12] 朱献清,郑静.电气制图[M].2版.北京:机械工业出版社,2014.

[13] 黄玮.电气CAD实用教程[M].北京:人民邮电出版社,2009.

[14] 刘国亭.电气工程CAD[M].北京:中国水利水电出版社,2009.

[15] 计算机专业委员会.AutoCAD 2002试题汇编[M].北京:北京希望电子出版社,2003.

[16] 马玉晓,高宁.测绘CAD[M].徐州:中国矿业大学出版社,2014.

[17] 中华人民共和国国家质量监督检验检疫总局,中国国家标准化管理委员会.电气工程CAD制图规则:GB/T 18135—2008[S].北京:中国标准出版社,2008.

[18] 中华人民共和国国家质量监督检验检疫总局,中国国家标准化管理委员会.机械工程CAD制图规则:GB/T 14665—2012[S].北京:中国标准出版社,2012.

[19] 邵立康,陶冶,樊宁,等.全国大学生先进成图技术与产品信息建模创新大赛命题解答汇编(1～11届)(机械类、水利类与道桥类)[M].北京:中国农业大学出版社,2019.